OVERCOME

하루 한 권, 이겨내는 기술

고다마 미쓰오 지음
박제이 옮김

어떻게든 해내는 사람들의 비결

고다마 미쓰오(児玉光雄)

1947년 일본 효고현에서 태어났다. 교토 대학 공학부를 졸업하고 UCLA 대학원에서 공학 석사를 취득했다. 전공은 임상스포츠심리학, 체육방법학으로 가노야체육대학(鹿屋体育大学) 교수를 거쳐 현재 오테몬가쿠인 대학(追手門学院大学) 객원교수다. 미국 올림픽위원회 스포츠과학 부문 객원 연구원으로서 올림픽 출전 선수들의 데이터 분석을 도맡았다.

많은 뇌 훈련 책을 집필했고 『進研ゼミ 신켄연구실』〈ベネッセコーポレーション〉, 『レジデント 프레지던트』〈プレジデント社〉, 『日経ビジネスAssocie 닛케이비즈니스』〈日経BP社〉 등 수험 잡지나 비즈니스 잡지에 능력 개발에 관한 다양한 칼럼을 썼다.

주요 저서로는 베스트셀러인 『錦織圭 マイケル・チャンに学んだ勝者の思考 니시코리 케이 · 마이클 창에게 배운 승자의 사고』를 비롯해, 『本番に強い子に育てるコーチング 실전에 강한 아이로 키우는 코칭』, 『勉強の技術 한 가지만 바꿔도 결과가 확 달라지는 공부법』, 『マンガでわかるメンタルトレーニング 만화로 보는 멘탈 트레이닝』, 『上達の技術 하루 한 권, 실력 향상의 길』 등이 있다.

야나기 요코

모두가 '그건 어렵지…'라고 느끼는 안건을 몇 번이고 돌파해 온 전설의 직장인. 정작 자신은 역경이라고 느끼지 않는 경우가 많다고 한다.

오리타 신지

새로운 일에 도전할 때 벽에 부딪히면 금세 넘어지고 다시 일어서지 못한다. 올해의 포부는 '초지일관'.

우스이 노조무

아직 아무 일도 일어나지 않았는데 좋지 않은 쪽으로만 생각해서 건강이 나빠지곤 하는, 신념이 강하고 부정적인 남자.

들어가며

지금까지의 제 인생을 돌아보면 좋은 일과 나쁜 일이 멋지게 뒤섞여 있습니다. 그동안 경험을 통해 깨달은 사실은 역경이 사람을 굳세게 만든다는 것입니다. 역경을 극복하면 좋은 일을 만나곤 했습니다.

저에게 큰 역경은 1995년 1월에 발생한 한신·아와지대지진이었습니다. 당시 운영하던 테니스 클럽은 지진의 여파로 코트에 균열이 생겼고 보수 작업을 위해 넉 달간 운영을 중단해야 했습니다. 그 뒤 회원 수는 급감했고 거액의 채무가 쌓이기 시작했습니다. 그로부터 3년 후, 결국 저는 회사를 닫아야 했습니다.

그렇지만, 그 이후 제 인생은 새로운 전환점을 맞이했습니다. 1996년에 처음 집필했던 비즈니스 서적이 베스트셀러가 되었고 그 계기로 대학에서 학생들을 가르치게 되었습니다.

대부분의 일류 운동선수들은 역경을 딛고 일어서 크게 도약합니다. 예컨대 월드컵에 출전했던 일본 국가 대표 중 나가토모 유토라는 선수가 있습니다. 그는 대학 입학 직후 2년간 두각을 드러내지 못했습니다. 이후에도 출전 기회를 얻지 못했고, 디스크를 앓기도 했지요. 그런데 이런 선수가 어떻게 이탈리아 프로리그인 세리에 A의 스타 선수가 될 수 있었을까요?

당시를 떠올리며 나가토모 선수는 이렇게 말합니다.

"메이지 대학 시절에 가미카와 아키히코 감독님이 사이드백으로 전향하자고 말해 주지 않았다면 인테르나치오날레 밀라노에 입단하기는커녕 프로 선수조차 되지 못했을 것이다."

나가토모 유토 저 『上昇思考상승사고』, 〈角川書店〉

역경을 맞닥뜨려도 나가토 선수처럼 좌절하지 않고 지금 할 수 있는 일을 하나씩 해 나가 봅시다. 이런 태도로 상황을 직면한다면 역경을 지렛대 삼아 크게 도약할 수 있을 것입니다.

이 책에서는 '역경을 극복하는 다양한 노하우'를 소개합니다. 한 항목당 2~4쪽의 완결형으로 구성돼 있습니다. 이 노하우를 일상생활에서 실천하려고 노력한다면 지금 당신이 어떤 상황을 마주했든 이겨낼 수 있을 것입니다.

마지막으로 이 책의 출간에 힘써 주신 과학 서적 편집부의 이시이 겐이치(石井顕一)에게 감사의 마음을 전합니다.

고다마 미쓰오

제1장 역경을 돌파하는 기술

제2장 최선주의자가 되는 기술

제3장 정신적 맷집을 키우는 기술

제4장 긍정성을 유지하는 기술

제5장 실패를 딛고 다시 일어서는 기술

역경을 돌파하는 기술

회복탄력성을 익히자

똑같이 힘든 상황에서도 훌륭하게 동기를 부여해 그 상황을 극복하는 사람이 있고 압박감에 짓눌려 다시 일어서지 못하는 사람이 있다. 이 차이는 어디에서 오는 것일까?

미국심리학회(APA)는 회복탄력성(Resilience)을 '역경이나 갈등, 강한 스트레스에 직면했을 때 그 상황에 적응할 수 있는 정신력과 심리적 프로세스'라고 정의했다. 이는 나의 전문 분야인 스포츠심리학에서도 자주 주목하는 키워드다.

자기보다 실력이 떨어지는 상대와의 시합에서는 자신의 능력을 충분히 발휘하면서, 실력이 비슷한 상대를 만나면 맥을 못 추는 선수가 있다. 그는 회복탄력성이 부족한 선수다. 회복탄력성의 차이가 발생하는 이유는 '압박감'이나 '스트레스'를 받아들이는 방식이 선수마다 다르기 때문이다. 회복탄력성이 강한 선수는 압박감을 느낄 때 '좋아, 실력 발휘를 할 수 있겠어.'라고 생각할 수 있다. 한편, 회복탄력성이 약한 선수는 실력 발휘할 자신이 없어.'라고 생각해 버린다.

심리학적 관점에서 보자면 압박감은 적이 아닌 아군이다. 다시 말해 압박감 혹은 스트레스를 느끼기 때문에 집중력이 높아지고 뚝심을 발휘할 수 있는 것이다. 원시 시대에 천적에게 살아남은 무리는 압박감이나 스트레스를 이용해 뚝심을 발휘한 선조다. 한편, 그렇지 못했던 이들은 맹수의 먹잇감이 되어 살아남지 못했다.

'압박감을 줄이자'가 아니라 '압박감을 이용해 그것을 에너지 삼자!'라고 생각하는 사람이 역경을 돌파할 수 있는 것이다.

누구나 압박감을 느끼지만 그것을 에너지로 바꿀 수 있느냐, 없느냐는 그 사람의 회복탄력성에 따라 좌우된다.

자기효능감이 역경을 극복한다

역경을 돌파하기 위해서는 자기효능감을 높이도록 노력해야 한다. 『激動社会の中の自己効力변화하는 사회 속에서의 자기효능감』,〈金子書房〉의 저자이자 미국 스탠퍼드 대학의 심리학부 교수 앨버트 반두라 박사는 자기효능감을 높이는 네 가지 방법을 제시한다.

첫째, 체험이다. '일단 하고 보는 것.' 이 방법보다 자기효능감을 효과적으로 높여줄 수 있는 방법은 없다. 크고 작은 성취를 계속 경험해 보는 것이다. '취미로 키운 토마토가 잘 익었다', '주말에 세 시간 동안 비행기 프라모델을 완성시켰다', '가족 모두 두 시간만에 대청소를 했다' 등등. 일상생활에서 사소한 성취감을 맛보는 것만으로도 자기효능감은 높아진다.

둘째, 롤 모델이다. 자신만의 롤 모델을 설정하는 것은 인생에 큰 영향을 미친다. 내 롤 모델은 저명한 프로 테니스 코치인 빅 브레이든이나 스포츠 심리학자인 제임스 로어 박사 등이었다. 그들을 만나고 롤 모델로 삼음으로써 자기효능감을 쌓아갈 수 있었다. 그 당시 나는 잘 알려지지 않았던 그들의 이론을 소개해 일본 스포츠계에 작게나마 새로운 바람을 불어넣고 싶었다. 롤 모델의 발자취를 따라가는 것만으로도 자기효능감은 의외로 쉽게 높아진다.

셋째, 격려다. 일과 취미에서 접점을 지닌 주변 사람들과 지속적으로 교류하며 서로 격려하고 격려를 받자. 격려를 받음으로써 인간의 자기효능감은 자연스럽게 높아질 수 있다.

'실제 체험', '롤 모델', '격려', '분위기' 등 네 가지 방법은 자기효능감을 높여 준다.

넷째, 분위기다. 특히 조직 내에서 구성원들이 팀워크를 제대로 발휘하면서 공동의 목표를 향해 나아가는 힘은 자기효능감 그 자체다.

이 네 가지 방법은 자기효능감을 높이고 자신감을 만들어 내며 마침내 회복탄력성까지 높여 준다. 도표 1-1은 슈와저(R. Shwarzer) 박사와 예루살렘(M. Jerusalem) 박사가 만든, 자기효능감을 수치화할 수 있는 표다. 피험자의 평균 점수는 29점이다. 이 용지를 복사해서 그때그때 자신의 자기효능감을 점수화해 보자. 자기효능감의 정도를 객관화하면 더욱 효과적으로 상황에 대처할 수 있다.

자기효능감이 높아지면 역경을 받아칠 수 있게 된다.

도표 1-1 자기효능감을 확인하는 슈와저 박사의 척도표

다음 항목에 대한 응답으로 '매우 그렇다'라면 4, '그렇다'라면 3, '아니다'라면 2, '매우 아니다'라면 1에 동그라미 치시오.

	예			아니오
1. 충분히 노력한다면, 나는 언제나 어려운 문제를 어떻게든 해결할 수 있다.	4	3	2	1
2. 반대 의견에 부딪혀도 내가 원하는 방식이나 방법을 발견할 수 있다.	4	3	2	1
3. 나는 반드시 목표를 달성할 수 있다.	4	3	2	1
4. 예상 밖의 일이 일어나도 잘 처리할 자신이 있다.	4	3	2	1
5. 나는 곤란한 상황은 물론, 예측 불가능한 상황에도 대처할 수 있다.	4	3	2	1
6. 필요한 노력을 한다면 나는 대부분의 문제를 해결할 수 있다.	4	3	2	1
7. 나는 스트레스 대응 능력이 있으므로 곤란한 상황에 직면해도 평정심을 유지할 수 있다.	4	3	2	1
8. 문제에 직면했을 때 나는 몇 가지 해결책을 생각해 낼 수 있다.	4	3	2	1
9. 갈등에 휘말렸을 때라도 나는 좋은 해결책을 생각해 낼 수 있다.	4	3	2	1
10. 무슨 일이 일어나도 나는 상황을 통제할 수 있다.	4	3	2	1
소계	( )	( )	( )	( )
합계	(		)점	

객관적으로 자기효능감을 파악하는 일은 무척 중요하다. 점수가 낮다면 앞서 소개한 방법을 통해 자기효능감을 높이려고 노력해 보자.

마음속에 완충력을 길러라

회복탄력성을 키우기 위해서는 세 가지 요소를 갖추어야 한다(그림 1-2).

첫째, 적응력이다. 지구의 역사에서 지금까지 여러 번 생명의 멸종 위기 있었다. 그중에서 공룡의 멸종 원인은 아직도 명확히 밝혀지지 않았다. 가장 유력한 이론은 '소행성 충돌설'이다. 약 6550만 년 전 소행성 뱁스티나가 다른 소행성과 부딪히면서 10킬로미터 정도의 운석이 멕시코 유카탄 반도 근처에 충돌했고, 그때 발생한 대량의 먼지구름이 태양광을 가로막아 빙하기가 도래했다는 것이다. 그 결과 공룡이 멸종했다는 이론이다. 그러나 이 대참사에도 살아남은 생물이 있다. 다름 아닌 환경에 잘 적응한 종(種)이었다. 마음도 마찬가지다. 안 좋은 사건에 적응하는 힘이 마음의 유연성을 키운다. 이 적응력은 눈앞의 역경이라는 벽을 뛰어넘는 원동력이 된다.

둘째, 완충력이다. 완충력은 충격을 온전히 받아들이는 힘이다. 얇은 유리로 된 컵을 콘크리트 바닥에 떨어뜨리면 산산조각이 나지만, 테니스공은 바닥에 떨어뜨려도 튀어 오를 뿐 깨지지 않는다. 즉, 테니스공이 유리컵보다 완충력이 뛰어난 것이다. 역경은 콘크리트 바닥에 비유할 수 있다. 테니스공이 충격을 에너지 삼아 크게 튀어 오르는 것처럼 완충력이 있는 사람은 역경을 에너지로 전환하여 도약할 수 있는 것이다.

도표 1-2 회복탄력성이 큰 사람이 지닌 세 가지 힘

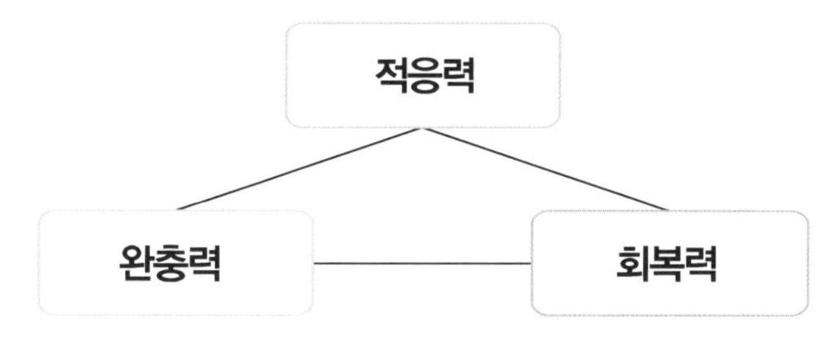

다양한 사태에 유연히 대응할 수 있고 데미지를 입더라도 그것을 축적하지 않는 사람은 강인하다.

변화에 적응하는 능력이 우수한 종이 살아남았다. 강한 힘, 큰 몸집, 뛰어난 번식력보다 더 중요한 능력이다.

메이저 리거인 이치로 선수는 이렇게 말했다.

"긴장이나 설렘이 주는 두근거림, 압박감은 짜릿해요. 승부의 세계에 있는 자만이 느낄 수 있는 묘미니까요."

셋째, 회복력이다. 인간의 신체는 장시간 격렬한 운동을 할 때 그간 축적된 에너지를 소비하다가 에너지가 고갈되면 기진맥진해지고, 결국 아무것도 할 수 없게 된다. 정신도 마찬가지다. 스트레스에 시달리면 정신적 에너지가 고갈돼 의욕이 사라진다. 동시에 행동력도 단숨에 시들해진다. 이때 필요한 것은 '오프타임'이다.

8장에서 자세히 다루겠지만, '오프타임'을 충실히 보내는 것이 중요하다. 회복력을 키운다는 것은 정신적 에너지를 비축하는 기술을 익히는 일이다. 미국을 대표하는 저명한 스포츠심리학자이자 내 스승이기도 한 짐 레이어 박사는 '오프타임'을 충실히 보내면 정신적 에너지가 보급되고 '온타임'에 성과를 올릴 수 있다고 설명했다.

결승 2점의 득점타를 날린 이치로 선수. 이때의 압박감은 헤아릴 수 없을 것이다.

인생의 축을 확실히 붙잡아라

회복탄력성은 실패를 경험하면서 꾸준히 높아진다. 나는 이것을 실패 면역력이라고 부르는데 즉, 실패를 거듭함으로써 역경에 대한 내성이 강해지는 것이다.

일류 선수들이 '수많은 성공으로 그 분야의 정점에 섰다'고 생각하는가? 아니다. 그들은 다른 누구보다도 수많은 실패를 쌓아올렸기에 비로소 정점에 다다를 수 있었던 것이다. 『究極の鍛錬 재능은 어떻게 단련되는가?』, 〈サンマーク出版〉의 저자, 제프 콜빈은 이렇게 말했다.

"아라카와 시즈카 선수는 금메달을 따는 기술을 마스터하는 데 19년이 걸렸다. 스케이트 선수를 대상으로 한 연구에서 일류 선수가 아닌 경우, 선수들은 자신이 이미 '할 수 있는' 점프에 시간의 대부분을 쏟았다. 한편, 최정상급 선수는 자신이 '하지 못하는' 점프에 더욱 많은 시간을 할애했다. (중략) 아라카와 시즈카 선수는 금메달을 따기 위해 적어도 2만 번, 차가운 얼음 바닥에 엉덩방아를 찧은 셈이다."

또, 스웨덴 스톡홀름 대학의 심리학자 페트라 린드포즈 박사는 사업가 91명(남성 40명과 여성 51명)을 대상으로 한 조사에서 심리적으로 안정된 사람들의 공통점을 찾아냈다. 그 내용은 다음과 같다.

1. 자신을 받아들인다.

2. 타인과 긍정적인 관계를 구축한다.

3. 자기 자신의 성장을 목표로 한다.

4. 인생의 목표가 있다.

일류 선수는 실패를 통해 성장한다. 실패를 뛰어넘으면 '잘 못하는 것이라도 노력하면 반드시 할 수 있게 된다'고 자신을 믿을 수 있다.

5. 자기 절제 능력이 뛰어나다.

6. 자신을 둘러싼 환경을 잘 통제할 수 있다.

회복탄력성이 강한 사람은 자신만의 삶의 방식을 관철한다. 바꿔 말하면 '타인의 기준으로 살지 않는다.'

회복탄력성이 낮은 사람은 필요 이상으로 주변 사람들의 기준에 맞추려고 한다. 이른바 과잉적응이다. '거절을 잘 못하므로 다른 사람이 무언가 부탁하면 잘 들어준다', '주변 사람들이 요구한 것을 완벽히 해내려고 한다', '주변을 의식한 행동이 많다' 등이 이 유형의 전형적인 사례다. 이런 유형의 사람들은 대부분 모범생이고 노력파이며 학교에서나 직장에서나 철저히 '착한 사람'으로 비춰진다. 그래서 '다른 사람에게 미움을 사면 어쩌지', '다른 사람에게 미움받으면 살아갈 수 없어'와 같은 섬세한 마음을 지니게 된다. 하지만 역경이 찾아오면 자신의 축이 없으므로 상황을 견디지 못한다.

주변 사람들은 생각보다 당신에게 관심이 없다. 모두 자기 자신만으로도 벅차기 때문이다. 다른 사람에게 자신을 맞추기보다 인생의 축을 스스로에게 둔다면 마음이 편해지고 실패에 대한 면역력도 높일 수 있을 것이다.

'다른 사람에게 미움받기 싫다'는 마음으로 '거절하지 못하는 사람'이 된다면 결국 부정적인 연쇄에 빠진다.

최적의 각성 상태에 돌입하라

회복탄력성을 높이려면 최적의 각성 상태를 유지해야 한다. 심리학자인 로버트 여키스 박사와 존 도슨 박사는 '각성 수준과 성과 간의 상관관계'에 관한 이론을 발표했다. 도표 1-3에서 알 수 있듯이, 각성 수준이 너무 높으면 불안과 공포에 사로잡히고 각성 수준이 너무 낮으면 무기력해진다고 그들은 설명했다.

지나치게 각성 수준이 높은 완벽주의자들은 성취 지향적이며 항상 불안과 공포심을 안고 산다. 반면, 낮은 각성 수준은 번아웃을 앓는 사람에게 곧잘 나타난다. 좌절하여 동기 부여가 전혀 되지 않기 때문에 무기력하다. 작은 역경에도 쉽게 좌절하는 경향을 보인다.

회복탄력성이 높은 사람은 유연하게 각성 상태를 중간 정도로 조정할 수 있다. 스포츠 세계의 챔피언들이 대부분 그렇다. 그러기 위해서 평상시 최적 각성 상태에 들어가는 기술을 키우는 것이 중요하다. 최적 각성 상태란 '집중력이 극한에 치달아 사고, 정신, 주위의 잡음 등이 사라지는 뇌의 상태'를 가리킨다. 감각이 날카로워지면서 눈앞의 작업에 몰두하게 되는 것이다.

프로 골프 선수인 이시카와 료는 2010년 골프 토너먼트 주니치 클라운즈 마지막 날 58이라는 당시 기네스 기록을 세우면서 훌륭한 역전승을 거뒀다. 라운딩 후 그는 이렇게 말했다.

"약간 들뜨긴 했지만 평정심을 유지했습니다."

최적 각성 수준 연구의 세계적인 권위자인 미국 심리학자 미하이 칙센트미하이 박사는 '최적 각성 수준에 들어가면 다음과 같은 감각을 느낀다'고 설명했다.

- **시간을 잊을 정도로 활동에 집중할 수 있다**
- **환경과 자신이 일체화되는 느낌이 든다**
- **행동을 조절하면서 동시에 새로운 상황에 대응할 수 있다**

이것을 몰입 이론이라고 부른다. 무엇을 해도 잘 해낼 수 있는 몰입의 경험은 누구에게나 열려있다. 3-6에서 소개할 호흡법과 4-6에서 제시하는 마음챙김의 방법을 통해 몰입 그 자체에 예전보다 쉽게 다가설 수 있을 것이다.

도표 1-3 각성 수준과 성과 간의 관계

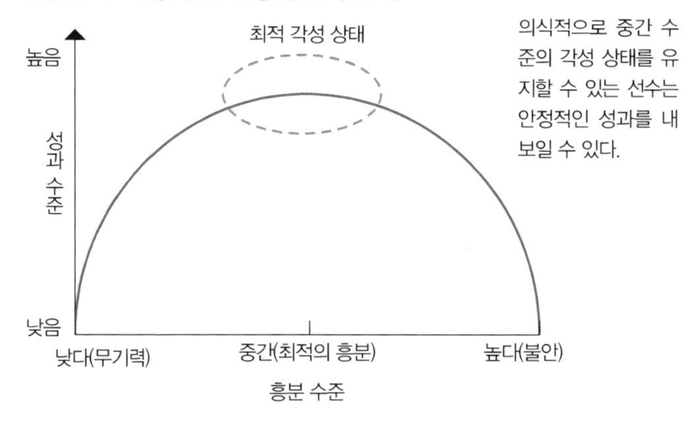

최적의 각성 상태를 체험하는 비결

도표 1-4에 최적 각성 상태의 개념을 제시했다. 가로축은 개인의 능력 수준을, 세로축은 도전 의식의 정도를 나타낸다. 이 두 요인의 균형은 일의 능률이나 성공에 큰 영향을 끼친다. 기술 수준과 도전 의식이 균형을 이룰 때 최적 각성 수준에 도달한다.

개인의 능력 수준에 비해 도전 의식이 낮으면 '지루한' 상태가 된다. 당연히 태만해지고 실수가 생기며 역경 내성도 떨어진다. 이때 느끼는 감각은 '시간이 좀처럼 안 가네', '작업이 하나도 재미가 없어', '의욕이 생기지 않아' 등이다.

개인의 능력 수준에 비해 도전 의식이 너무 높으면 불안한 마음이 들고 큰 압박감을 느낀다. 동기 부여 수준이 떨어지기도 한다. 이때 '압박감에 짓눌릴 것 같아', '또 실패할 것 같아', '왠지 와 닿지를 않아' 등과 같이 느낀다.

개인의 능력 수준과 도전 의식 모두 낮을 때는 '무관심'한 상태가 된다. '지루'하거나 '불안' '억지로 하는 기분'이 들기에 불쾌한 심리 상태가 된다.

최적의 각성 상태에 다다르면 동기 부여가 잘 이루어지면서 행동을 제어할 수 있다. 그 세이프티 존에 들어가면 시간이 눈 깜짝할 사이에 흘러간다고 느낄 것이다. '이유는 모르겠지만 잘될 것 같은 확신이 든다', '일이 모두 잘 풀린다', '주변 잡음이 전혀 신경쓰이지 않는다'와 같은 느낌이 들 때, 당신은 그 영역 안에 들어가 있을 가능성이 높다. 그 영역에서 곧잘 느끼는 감각은 행복감, 높은 자기효능감, 자신만만함 등이다. 운이 좋다고 생각하기도 한다. 그러기 위해서 심신을 최고의 상태로 만드는 것이 중요하다. 자신의 능력을 높이는 데 필요한 일을 수행하며 평소에 의식적으로 스스로를 최적의 각성 상태로 이끌어야 한다.

도표 1-4 최적 각성 상태의 개념도

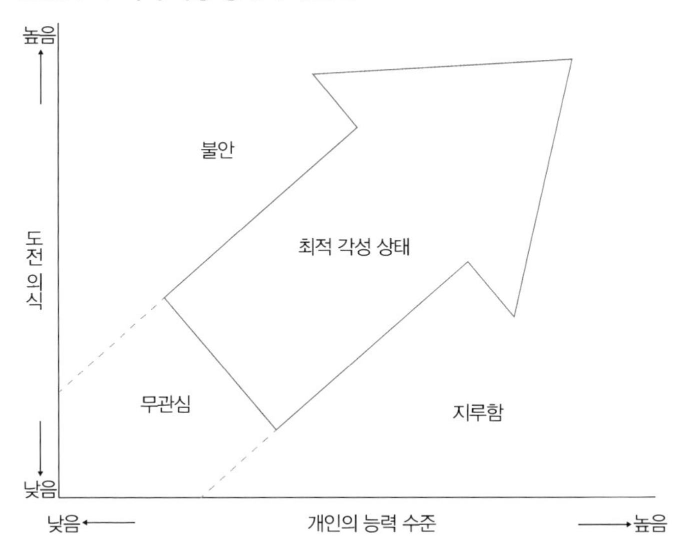

개인의 능력 수준과 도전 수준이 균형에 도달하면 '최적 각성 상태'가 찾아온다.

안 좋은 감정은 종이에 적어라

쉽게 좌절하는 사람의 특징은 좋지 않은 일을 털어 내지 못한다는 점이다. 마음속에 부정적인 기억이 쌓여가고 과잉 반응하게 된다. 어떤 형태라도 괜찮으니 좋지 않은 일을 털어 버리는 행동을 해 보자.

심리학에서 효과적이라고 말하는 방법 중 하나는 종이에 써서 버리는 것이다. 심리학자인 제임스 페네베이커 박사는 정리 해고당한 후 1년 이상 재취업하지 못한 사람을 두 그룹으로 나누어 2주간 실험했다. A그룹에게는 매일 20분간 그들의 감정을 종이에 적게 했고, B그룹에게는 아무것도 시키지 않았다. 8개월에 걸친 조사 결과, 감정을 쏟아냈던 그룹 A는 그중 3분의 2가 새로운 직장을 찾았고, 아무것도 하지 않았던 그룹 B는 재취업을 한 사람이 3분의 1에도 미치지 못했다.

페네베이커 박사는 그 이유를 다음과 같이 설명했다. 실험 대상자들은 자신의 감정을 제대로 조절하지 못했을 가능성이 크고 면접에서 떨어지기 쉬웠을 것이다. 반면, 종이에 감정을 써 내려간 사람들은 자신의 감정을 털어 내면서 안정적인 심리 상태에 도달할 수 있었을 것이다. 즉, 감정을 조절하는 연습을 통해 곤란한 상황에 대처할 수 있게 된 것이다.

스페인 바스크 대학의 다리오 파에스 박사는 50명의 피험자에게 일기를 쓰게 했다. 일기 내용은 '언제 기분이 나빠졌는가?'였다. 매일 20분에 걸쳐 사흘간 일기를 쓴 결과, 긍정적 감정이 10퍼센트 상승했다. 자신이 안고 있던 나쁜 기분을 종이에 씀으로써 기분이 가라앉는 것이다. 이것을 멘탈 라이팅 기법이라고 한다.

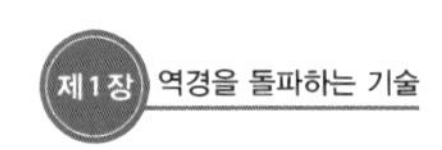

억울함을 느꼈을 때나 일이 잘 안 풀릴 때는 그 감정을 종이에 써 보는 습관을 들여 보자. 의외로 쉽게 기분이 전환되고 마음이 가벼워질 것이다. 감정을 제대로 조절할 수 있으면 회복탄력성도 높아진다.

혼자 살아서 털어놓을 상대가 없어도 펜으로 종이에 쓰는 것은 누구나 할 수 있다. '감정은 기술로 조절할 수 있는 부분이 많다'는 것을 알아두자.

COLUMN 1

실패를 동기 부여의 발판으로 삼자

내가 처음 쓴 책은 1996년에 출간된 경제 · 경영서로 『右脳ビジネスマン成功術우뇌 비즈니스맨 성공술』, 〈PHP研究所〉이다. 이 책의 초판본을 지금도 소중히 간직하고 있다. 슬럼프에 빠졌을 때, 이 책을 읽으며 다시 의욕을 되찾았다.

사실 이 책은 기획이 통과되기까지 열 곳 이상의 출판사에서 거절을 당했다. 그때까지 내가 쓴 책은 불과 몇 권이었고 심지어 모두 스포츠 관련 서적이었기 때문에 어찌 보면 당연했다. '스포츠 업계에서만 살아온 사람이 어떻게 경제 · 경영서를 쓸 수 있냐'는 것이 거절의 이유였다.

그렇지만, 내 의욕은 꺾이지 않았다. 오히려 거절당할 때마다 기획서는 점점 나아졌다. 그러다 편집장 F를 만나게 되었다. 그는 나의 주장을 진지하게 들어주었다. 당시 뇌과학을 비즈니스에 접목한 책은 거의 없었기 때문에 책의 키워드인 '우뇌 비즈니스맨'에 흥미를 보였고 그는 한번 해 보자고 했다. 결국, 이 책은 중쇄를 찍게 되었고 대형 서점 경제 경영서 분야의 판매 순위권 상위에 들어갈 수 있었다.

역경을 용수철 삼아 열정적으로 도전한다면 당신의 주장에 귀 기울여 주는 사람을 반드시 만날 수 있다. 끈기 있게 계속하는 것. 그것이 역경을 극복하는 또 다른 요소인 것이다.

제2장

최선주의자가 되는 기술

역경을 성장 동력으로 삼아라

역경이 찾아왔을 때 쉽게 좌절하는 사람은 '역경은 좋지 않은 일'이라고 생각한다. 인간으로서 자연스러운 감정이다. 그러나 세계 챔피언이나 최정상급 선수들은 그렇게 생각하지 않는 경우가 더 많다. 이치로 선수는 이렇게 말했다.

"아무리 발버둥 쳐도, 어떤 생각, 어떤 시도를 해도 안 될 때가 인생에는 있다고 생각하는데요. 그럴 때야말로 자기 자신에게 무거운 짐을 지우는 것이 필요하다고 생각해요. 해내지 못할지도 모르는 일을 굳이 해보는 것도 무척 중요하다고 생각해요."

커다란 벽에 부딪혔을 때 보통 사람들은 '어차피 해도 안 돼…'라고 생각하며 도망쳐 버린다. 당연히 그 벽을 넘어서는 것은 불가능해지고 슬럼프는 계속된다. 역경이 찾아오면 달아나는 것이 아니라 '성장 동력'으로 삼아 그 타개책을 냉정하게 생각해야 한다. 대부분은 온갖 방법을 쓰지도 않고, 구체적인 행동을 취하지도 않은 채 '이 역경은 벗어날 수 없어…'라고 성급히 결론짓는다.

미국 캘리포니아 대학의 살바토레 마디 박사가 정리 해고당한 회사원 450명을 조사한 결과, 3분의 2가 심장질환, 우울증, 알코올 의존과 같은 문제를 안고 있었고 개중에는 자살한 사람도 있었다. 한편 나머지 3분의 1은 그런 징후를 보이지 않았고 무척 건전한 생활을 영위했다. 이 사람들의 공통점은 다음과 같았다.

역경을 '성장 동력'이라고 생각하는 사람은 강하다.

1. 자신의 위치에서 최선을 다한다. 심지어 다른 사람을 도우려는 마음도 강하다.
2. 자신에게 좋은 결과를 도출할 수 있는 힘이 있다고 믿는다.
3. 어려운 문제를 해결하려는 도전 정신이 있다.

비슷한 예로, 캘리포니아 대학의 케네스 슐츠 박사의 연구가 있다. 케네스 슐츠 박사는 약 1000명의 이직자를 대상으로 조사를 했다. 피험자는 회사에서 해고당한 사람과 자발적으로 그만둔 사람이었다. 그 결과 자발적으로 회사를 그만둔 사람이 더욱 정신적으로 건강했다. 즉, 회사에서 해고되기 전에 자발적으로 사표를 제출하는 편이 정신적인 타격이 적은 것이다. 이 규칙은 업무에도 적용된다. 재미없는 작업이라도 어차피 해야 하는 일이라면 억지로 하지 말고 자발적으로 하자.

역경을 '좋지 않은 것'이 아닌 '자신을 성장시켜 주는 것'으로 생각하는 것은 큰 차이가 있다.

스스로 자신을 제어할 수 있다는 감각은 안정감을 준다. 지금 문제가 되고 있고 그만둘 수조차 없는 그 일은 자기 통제감을 상실한 전형적인 예다.

2-2

유연한 사고를 지닌 자가 역경을 극복할 수 있다

성공을 손에 넣는 사람은 어떤 사람일까? 미국 하버드 대학의 저명한 심리학자 데이비드 매클렐런드 박사는 성공한 사람에 관해 조사했다. IQ가 높은 사람이나 고학력자들이 대부분일 것이라고 예상했지만 실제로 그렇지 않았다.

성공을 거두는 사람들은 자신만의 성공 지표인 목표를 가지고 있었다. 그들은 모두 생생한 성취감을 맛본다. 성공한 사람들은 다음과 같은 공통점을 보였다.

1. 목표를 달성했을 때의 감정을 생생하게 떠올릴 수 있다.

2. 지나치게 높지 않은, 실현 가능한 목표를 가지고 있다.

3. 낙관적인 면과 비관적인 면이 모두 있다. 유연한 대처 능력을 가지고 있다.

4. 경험이 풍부한 사람들에게 적극적으로 조언을 구한다.

어려움에 처해도 그 장애 요인을 객관적으로 분석하고 유연하게 대처했기 때문에 성공할 수 있었던 것이다.

역경을 뛰어넘을 수 있는 또 다른 방법은 옵션법이다. 옵션법은 문제 상황에 처했을 때 구체적인 극복 방안을 미리 생각해 두는 방법이다. 미국 펜실베니아 대학의 제인 길리함 박사는 초등학교 5~6학년생을 대상으로 옵션법을 훈련시켰다. 2년 후 그들에게 '낙담했던 경험'에 관

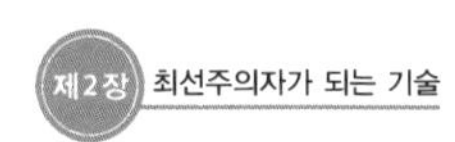

해 다시 조사한 결과, 옵션법을 훈련 받은 집단은 7.4%에 그쳤으나 훈련을 받지 않은 집단은 29%에 달했다. 대처 방안을 미리 생각함으로써 마음이 유연해지고 불안감이 해소되는 것이다.

나만의 기준을 갖는다. 다른 사람의 시선은 신경 쓰지 않는다. '이래야만 한다'는 생각을 버리고 임기응변으로 대응한다.

불안형 인간은 끈기 있게 노력한다

인간은 불안이나 공포로 인해 더욱 노력하게 된다. '무언가를 처음 도전할 때 불안하지 않은 것이 오히려 이상한 일'이다. 인류는 불안으로 인해 위험으로부터 멀어지고 살아남았다. 이는 현대인의 유전자에도 여전히 보존돼 있다.

캘리포니아 대학의 M. C. 위트록 박사는 어떤 문장을 학생들에게 읽게 하고 그중 30명에게 '이 문장은 시험에 나온다'고 말했다. 한편 66명의 학생에게는 그저 읽게만 하고 아무 말도 하지 않았다. 그리고 2주 후에 예고 없이 그 문장을 기억하는지 테스트 했다. 그 결과, 테스트를 예고 받은 학생의 성적이 명백히 좋았다. 이를 통해 인간은 불안감으로 인해 그 대처법을 진지하게 생각한다는 사실을 알 수 있다.

불안한 사람일수록 끈기 있다는 데이터도 있다. 캐나다 콩코디아 대학의 카스텔 로쉬 박사는 미성년 122명을 1년 반에 걸쳐 그들의 성격이 불안형인지 아닌지를 분류했다. 불안형인 경우, 목표 달성을 위해 어떤 노력도 아끼지 않고 포기하지 않는 경향이 있었고 그렇지 않은 사람들은 목표를 달성하지 못하면 금세 포기하고, 방법을 자꾸 바꾸는 것을 알 수 있었다.

역경에 약할 것처럼 보였던 불안형 인간은 오히려 끈기 있게 노력을 거듭했고, 회복탄력성이 높을 것으로 예상되었던 낙관주의자들은 담백하고 포기가 빨랐다. 불안을 쉽게 느낀다는 사실은 두려워할 필요가 없다.

인간은 불안하기 때문에 대처법을 생각한다. 노력해 왔기에 그 노력이 결실 맺지 못할까 봐 불안한 것이다. 그러니 긴장하는 것은 절대 나쁜 일이 아니다.

지금 당장 완벽주의와 결별하라

역경을 돌파하기 위해서는 최선주의자가 되어야 한다. 최선주의자란 '최선을 다하는 것에서 보람을 찾아내는 사람'을 가리킨다. 반면, 완벽주의자는 '완벽하지 않으면 마음을 쉴 수 없는 사람'을 뜻한다. 심리학자인 탈 벤 샤하르 박사는 자신의 저서 『最善主義者が道を拓く 완벽의 추구』, 〈幸福の科学出版〉에서 다음과 같이 말했다.

"완벽주의자의 기본 특징은 실패를 두려워한다는 점이다. 완벽주의자는 '넘어짐, 탈선, 삐긋거림 실수'를 무슨 일이 있어도 피하려 한다. (중략) 이래서는 잘 되지 않는다. 아무리 노력해도 생각대로 되지 않기에 '완벽주의자'는 도전을 주저하게 되며 실패할 것 같은 일은 피하게 된다. 실제로 실패했을 때 다시 일어날 수 없게 되고 낙담한다. 그리고 실패가 더욱 무서워진다."

회복탄력성이 높은 사람이 되고 싶다면 완벽주의자가 아닌 최선주의자가 돼라. 도표 2-1에 완벽주의자와 최선주의자의 특징을 정리했다. 완벽주의자는 언제나 목표까지 최단 거리로 도달하려 한다. 예측할 수 없는 문제가 나타나면 갈팡질팡하며 좌절하기도 쉽다.

한편, 최선주의자는 유연성이 있어서 당장 곤란한 일이 생겨도 갈팡질팡하지 않고 멀리 돌아가는 것을 개의치 않는다. 대신 눈앞의 행위에 집중하고 최선을 다하는 것을 우선으로 한다. 패배를 허용하지 않는 것이 완벽주의자라면, 승부와 상관없이 자신의 행위에만 주의를 쏟는 것이 최선주의자다. 따라서 회복탄력성은 최선주의자가 강하다. 완벽주의자는 무슨 일이든 완벽하고 싶어 절박하고 완벽하지 않은 자신

도표 2-1 완벽주의자와 최선주의자의 특징

완벽주의자	최선주의자
목표로 가는 길은 직선	목표로 가는 길은 불규칙한 나선
실패를 두려워함	실패는 피드백
목표만 중요	목표와 과정 모두 중요
'전부 아니면 전무'라는 사고방식	미묘한 차이와 복잡함을 중요시하는 사고방식
자신을 방어함	충고나 조언을 받아들임
잘못을 지적하는 사람	장점을 찾는 사람
엄격하다	관대하다
경직, 정적	유연, 동적

완벽주의자는 실패를 두려워한 나머지 움츠러드는 경향이 있다. 자존심을 지키기 위해서 도전을 피한다면 그곳에 성장은 없다.

을 용서하지 않기에 심기가 불편하다.

영국 켄트 대학의 클라우디아 베커 박사는 축구, 배구, 육상경기 등 535명의 운동선수를 조사한 결과 완벽주의자일수록 불만이 크다는 사실을 밝혀냈다. 이와 관련해 샤하르 박사도 이렇게 말했다.

"완벽주의자에게 중요한 일은 목표에 도달하는 것뿐이다. 그것에 이르는 과정이야 어떻든 상관없다. 목표로 가는 여정은 원하는 장소에 도달하기 위해 넘어야 할 장애물의 연속이 될 수밖에 없다. (중략) 최선주의자는 완벽주의자와 마찬가지로 목표 의식이 강하지만 그 목표에 이르는 여정도 중시한다. 목표 달성에 너무 집착한 나머지 다른 중요한 것을 놓치는 일이 없다."

완벽주의자는 실패하면 곧장 감정이 앞서고 낙담한다. 한편 최선주의자는 실패해도 유연성이 있기 때문에 냉정함을 유지한 채 노력을 계속한다. 유연한 자세를 가지자. 그리고 당장 할 수 있는 일에 최선을 다하자. 그것이 당신을 최선주의자로 만들어 줄 것이다.

유연성을 지닌 사람은 자잘한 어려움에 기죽지 않는다. 따라서 시행착오를 반복하더라도 꾸준히 앞으로 나아갈 수 있고 궁극적으로 목표를 달성할 수 있는 확률이 크다.

최선주의자를 목표로 하라

완벽주의자는 어떤 일을 할 때 완벽해질 때까지 시간을 쏟는다. 그러므로 시간이 많이 걸리는 경향이 있다. 한편 최선주의자는 '80% 완성했으니 그걸로 됐지'라며 다음 작업으로 넘어간다. 그렇기 때문에 상대적으로 단시간에 많은 일을 처리할 수 있다. 완벽주의자는 세부적인 사항도 그냥 넘어가지 않기 때문에 많은 시간을 들인다. 그러다가 아무리 시간이 흘러도 완벽하게 할 수 없다는 사실을 깨닫는다. 그들은 결국 스트레스 상태에 놓이게 된다.

19세기 이탈리아 경제학자 빌프레도 파레토는 80대 20 법칙이라고 불리는 파레토 법칙을 발표했다. 그는 부의 소유가 편중되어 있음을 깨닫고 연구를 시작했다. 그 결과, '국민의 20%가 국가의 부 80%를 소유하고 있다', '회사 이익의 80%는 그 회사의 주요 제품 20%가 창출한다' 등의 사실을 발견했다.

이는 업무에서도 고스란히 적용할 수 있다. 최선주의자는 업무의 포인트를 완벽히 숙지하고 있기에 작업이 80% 완료되었을 때 작업으로 넘어갈 수 있다. 능률을 중시하기 때문에 일을 솜씨 좋게 처리할 수 있다. 물론 잠시 시간을 내서 남은 20%의 불완전한 부분을 재검토하고 그 업무가 80% 완료된 시점에서 다음 작업으로 이행한다. 즉, 이 두 번의 시도로 80+20×0.8=96%의 작업을 완료한 것이다.

'80%의 달성'으로 괜찮다는 감각을 지니면 정신적인 여유를 가질 수 있다. 더욱 정밀도를 요구하는 일에 대해서는 '80% 완성'을 반복하면 된다. 『손자』에는 '巧遲拙速'(뛰어나지만 더딘 사람보다 미흡해도 빠른 사람이 낫다-옮긴이)이라는 말도 있다.

완벽주의자는 실패를 허락하지 않으므로 일이 잘 풀리지 않으면 짜증을 낸다. 실패를 통해 무언가를 얻으려는 마음의 여유가 없다. 최선주의자는 실패를 다음 단계로 가는 피드백으로 받아들여 숨겨진 비약의 힌트를 확실히 집어낸다.

심리학자인 셸리 카슨과 엘렌 렝어는 '코스에서 벗어나는 일이 반드시 나쁜 것만은 아니다. 그렇게 되지 않으면 알 수 없었을 선택이나 교훈을 깨닫게 해 준다'고 주장했다. 이치로 선수도 전형적인 최선주의자다. 그는 이렇게 말했다.

"당연히 지름길로 가고 싶지요. 쉽게 해낸다면 편하겠죠. 하지만 그렇게 하면 일류가 될 수 없어요. 지금은 '제일 좋은 지름길은 멀리 돌아가는 것'이라는 생각을 마음속에 품고 있어요."

최선주의자는 실패를 통해 원인을 찾고 새로운 도전을 할 수 있다. 유연하게 다양한 루트를 모색해서 최종적인 목표에 도달하려고 한다. 완벽주의자는 한 번 루트를 결정하면 그 루트를 고집한다. 따라서 상황의 변화에 대응하기 어렵고 좀처럼 목표에 다가가지 못한다. 사고가 경직되어 있기 때문이다.

완벽주의자는 긍정적인 감정만 받아들인다. 하지만 인생이라는 것은 기쁨, 성취감, 만족, 승리, 안심과 같은 긍정적인 감정을 느끼는 사건으로만 채워져 있지 않다. 슬픔, 좌절, 실망, 패배, 불안과 같은 부정적인 감정을 느끼는 일도 겪기 마련이다.

스탠퍼드 대학의 의학 박사 티나 실리그 박사는 "성공한 사람은 일직선으로 성공에 이른 것이 아니다. 그 과정에서 부침을 경험하기에 커리어는 파형을 그릴 수밖에 없다"고 말했다. 인생에 부침은 따르기 마련이다. 비관적인 상황이라도 그것은 영원하지 않다. 상황이 바뀌면 갑자기 터널의 출구가 보일 수도 있다. 임상 심리학자인 칼 로저스 박사는 다음과 같이 말했다.

"심리요법에서 효과적인 방법이 있다. 바로, 자기 자신은 고정되어 움직이지 않는 존재가 아니라 유동하는 과정임을, 개체의 덩어리가 아니라 흐르고 변화하는 강임을, 변할 수 없는 특징의 집합체가 아니라 끊임없이 변할 가능성을 지닌 집합체임을 인정하는 것이다."

좋은 일도, 그렇지 않은 일도 모두 받아들이고 그것을 동력으로 삼아라. 더 좋은 상황이 되기 위해 최선을 다하는 것이야말로 최선주의자의 큰 장점이자, 역경을 돌파하는 핵심 요소다.

실패에 휘둘리는 것이 아니라 그 우여곡절을 겪으며 다음으로 이어가는 것이 성공을 향한 진정한 '지름길'이다.

긍정적인 사람과 교류하라

미국 텍사스 대학의 토머스 조이너 교수는 대학 기숙사에 사는 학생의 불안감에 관해 조사했다. 실험의 대상이 된 학생들은 2인 1실로 생활했는데 실험 결과, 함께 사는 두 학생의 불안감은 놀랍도록 일치했다. 즉, 생활하면서 불안감이 전염된다는 것이다. 다시 말해 룸메이트가 긍정적이면 자신도 긍정적여지고 반대로 불평불만이 많으면 자신도 그렇게 되는 것이다. 회복탄력성을 지니고 싶다면 회복탄력성이 높은 사람을 찾아내자. 설사 함께 생활하지 못한다고 해도 교류만으로도 충분하다.

'연인과 크게 다퉜다', '자격증 시험에서 떨어졌다', '일에서 실수하는 바람에 상사에게 심하게 혼났다'. 이렇듯 인생에서 좌절할 일은 많이 일어난다. 좋지 않은 일이 일어났을 때 긍정적으로 조언해 주는 친구가 있다는 것은 큰 힘이 된다. 그런 친구와 전화를 하거나 식사하며 마음을 털어놓기를 추천한다. 문제를 직접 해결해 줄 수 없어도 공감해 주는 친구가 있는 것만으로도 역경을 극복하는 데 큰 도움이 된다. 반대의 경우에는 긍정적으로 조언해 주는 것이 효과적이다.

친구와 교류하지 못하더라도 좌절감을 덜어낼 방법은 있다. 미국 하와이 대학 심리학자 엘레인 헤이비 교수는 타인이 자신을 칭찬해 주지 않아도 스스로 자신을 칭찬하는 사람은 불안에서 해방될 수 있다고 말한다. 심지어 타인에게 짜증 내는 일도 상대적으로 적다고 한다.

알라메다 연구(Breslow and Berkman, 1983)에서 사회적으로 고립된 사람은 고립되지 않은 사람에 비해 남성 2.3배, 여성은 2.8배 사망률이 높다는 결과가 나왔다.

COLUMN 2

엄격한 상사가 나를 도왔다

나는 교토 대학을 졸업하고 10년간 대기업에서 일한 후 퇴직하여 독립했다. 당시 나는 이미 결혼하여 아이가 둘이었다. 안정적인 대기업을 그만둘 마음이 왜 생긴 걸까? 회사를 그만두고 독립한 가장 큰 이유는 스포츠 업계에서 일하고 싶다는 내 바람 때문이었다.

그러나 돌이켜 보면 엄격한 상사에게서 도망치고 싶다는 생각을 했던 것도 부인할 수 없다. 상사는 무척 엄격한 사람이었다. 나는 연구 개발 본부에서 신소재 개발 연구를 담당했다. 매주 월요일 아침마다 주간 업무 진행 상황을 직원 모두가 보고해야 했다. 일의 성과가 오르지 않으면 그 상사는 모두가 있는 앞에서 해당 직원을 심하게 질책했다. 그 상사는 도쿄대 출신으로 무척 머리가 좋고 논리를 앞세워 질책했기에 반론할 수 없었다.

그 시절의 경험으로 마음속에 강력한 역경 내성이 생겼다. 그 덕에 인생에서 만난 역경을 뛰어넘을 수 있었다. 그런 면에 있어서 당시의 상사에게 감사해야 할 것이다. 그가 나에게 다정하고 연구 활동을 자유롭게 할 수 있도록 지원했다면 그 회사를 정년까지 다녔을지도 모른다. 그런 의미에서는 엄격한 상사와의 만남이 나에게 독립심을 길러 주었다는 생각이 든다.

정신적 맷집을 키우는 기술

정신적 맷집은 강해질 수 있다

정신력이 약한 사람은 그 이후의 인생을 망쳐 버릴 위험이 있다. 자포자기해서 범죄에 손을 대는 사람도 있을 정도다. 표 3-1은 정신력 테스트(mental toughness test)로 당신의 정신적 맷집을 알 수 있다. 각각의 질문에 ○ 또는 ×를 기입해 보고 72쪽의 평가에서 채점해 보자.

미국의 심리학자 K. H. 토제스니우스키 박사는 15년에 걸쳐 정신력이 약한 사람과 강한 사람을 조사하여 다음과 같은 결론을 얻었다.

1. 정신력이 약한 사람은 강한 사람에 비해 1.26배 불안감에 시달린다.

2. 정신력이 약한 사람은 강한 사람에 비해 1.6배 불안 장애에 시달린다.

3. 정신력이 약한 사람은 강한 사람에 비해 1.32배 담배에 의존하기 쉽다.

4. 정신력이 약한 사람은 강한 사람에 비해 1.32배 범죄를 저지르기 쉽다.

5. 정신력이 약한 사람은 강한 사람에 비해 1.45배 무직 상태다.

정신력은 성격에서 비롯되는 것이 아니고 기술이기 때문에 변할 수 있다. 정신력이 강해지면 인생도 바뀐다. 인생론에 관해 연구해 온 우에니시 아키라는 이렇게 말했다.

도표 3-1 정신력 테스트

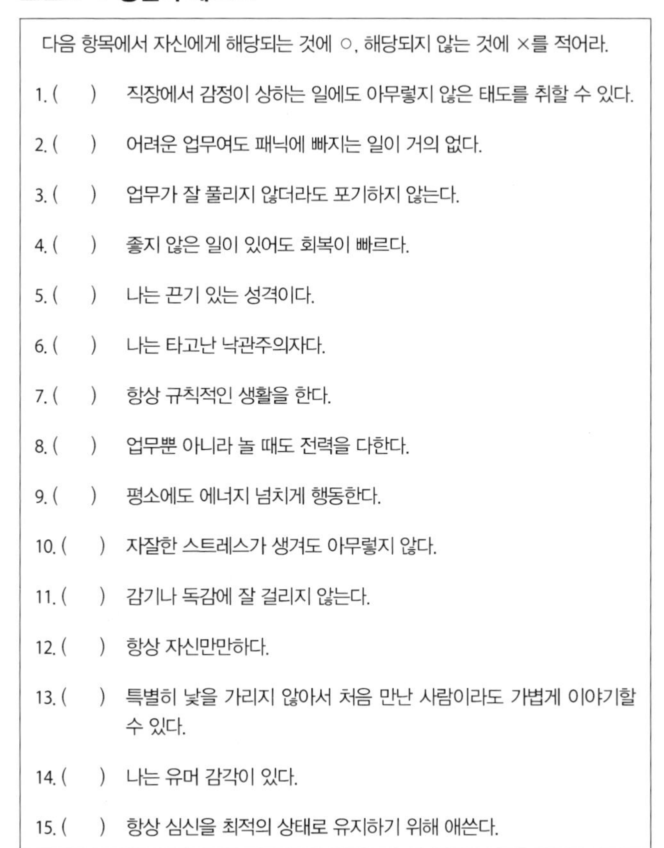

다음 항목에서 자신에게 해당되는 것에 ○, 해당되지 않는 것에 ×를 적어라.

1. ( ) 직장에서 감정이 상하는 일에도 아무렇지 않은 태도를 취할 수 있다.
2. ( ) 어려운 업무여도 패닉에 빠지는 일이 거의 없다.
3. ( ) 업무가 잘 풀리지 않더라도 포기하지 않는다.
4. ( ) 좋지 않은 일이 있어도 회복이 빠르다.
5. ( ) 나는 끈기 있는 성격이다.
6. ( ) 나는 타고난 낙관주의자다.
7. ( ) 항상 규칙적인 생활을 한다.
8. ( ) 업무뿐 아니라 놀 때도 전력을 다한다.
9. ( ) 평소에도 에너지 넘치게 행동한다.
10. ( ) 자잘한 스트레스가 생겨도 아무렇지 않다.
11. ( ) 감기나 독감에 잘 걸리지 않는다.
12. ( ) 항상 자신만만하다.
13. ( ) 특별히 낯을 가리지 않아서 처음 만난 사람이라도 가볍게 이야기할 수 있다.
14. ( ) 나는 유머 감각이 있다.
15. ( ) 항상 심신을 최적의 상태로 유지하기 위해 애쓴다.

정신력 수준이 어느 정도인지 객관적으로 파악하는 것이 중요하다. 정신력이 약한 수준이라면 테스트 항목에서 ○를 적을 수 있는 행동 패턴을 익히자.

"강한 마음을 손에 넣으면 인생에서 끙끙 앓는 시간이 적어진다. (중략) 인간의 마음은 우리가 생각하는 것보다 훨씬 유연하다. 인간은 바뀔 수 있다. 누구나 바라는 자신이 될 수 있다."

정신력이 약한 사람은 고민하는 시간이 많지만, 정신력이 강해지면 고민하는 시간이 짧아진다.

좋지 않은 일이 일어났을 때 그 일을 잘 해석하여 자신을 더욱 강한 인간으로 만드는 것과 그저 좌절만 하는 것. 그 차이는 너무도 크다.

불안이나 걱정은 구체적인 행동으로 해소한다

시련을 극복했을 때의 쾌감은 그 무엇과도 바꾸기 어렵다. 운동선수들의 강인한 정신력은 시합이라는 아수라장을 헤쳐 나오면서 형성된 것이다. 한번 시련을 경험하면 다음에 비슷한 시련이 닥쳤을 때 냉정하게 대처할 수 있다. 즉, 정신력이 강한 사람이 되고 싶다면 그것을 극복하는 경험을 쌓으면 되는 것이다. 챔피언이 되는 길을 가로막는 것은 재능이 아니라 시련을 극복했던 경험의 차이라고 생각한다.

챔피언도 다른 사람들과 마찬가지로 불안을 안고 있다. 앞서 2-3에서도 언급했듯이 불안이 클수록 극복할 때의 기쁨은 커진다. 프랑스 랭스 대학의 파비앙 르그랑 박사는 입장객을 유원지의 절규 머신에 타게 한 후, 타기 전과 후의 흥분 정도 차이를 조사했다. 그 결과, '타기 전 불안이 큰 사람일수록 타고 난 후 쾌감도가 컸다'는 사실을 밝혀냈다.

불안은 쾌감이 될 수 있다. 불안을 극복했을 때 큰 쾌감을 얻을 수 있는 것이다. 불안하지만 용기를 내어 아수라장을 빠져나가는 일은 회복탄력성을 높여 준다. 아수라장을 빠져나온 이치로 선수처럼 말이다.

● 역경을 사랑하는 남자

조직에서 성공한 사람 중에는 불안에 익숙해진 사람이 많다. 젊을 때 좌천되거나, 한직으로 밀려난 일이 있는 대기업 경영자가 적지 않다. 토요타 자동차의 사장이자 일본경제단체연합회(닛케이렌) 회장을 역임

● 사전 불안이 큰 사람일수록…

● 극복한 뒤의 쾌감이 크다

불안이 클수록 극복했을 때의 쾌감은 크다. 계속 도전할 수 있는 사람은 쾌감을 잊지 않는 사람이다.

한 오쿠다 히로시는 경영진이었던 상사와 트러블이 잦았는데 어느 날 갑자기 마닐라로 부임 통보를 받았다. 명백한 '좌천'이었다. 그러나 오쿠다는 그곳에서 미회수대금 회수라는 큰 성과를 냈고 이 이야기는 당시 부사장이었던 도요타 쇼이치로의 귀까지 들어갔다. 결국 오쿠다는 일본으로 돌아가게 된다. 6년 반 동안의 좌천이었지만 오쿠다는 본사로 복귀했을 뿐 아니라 아시아 · 오세아니아 부장직으로 승진했다. 그 기회를 발판으로 오쿠다는 크게 도약했다. 사내에서 출세 가도를 달렸고, 결국 꼭대기까지 올라간 것이다.

미국 위스콘신 대학의 자니 필라빈 박사는 1846명의 헌혈자를 대상으로 헌혈 전에 느끼는 불안감의 정도를 조사했다. 처음 헌혈한 사람의 불안감은 무척 높았으나 두 번, 세 번 헌혈함으로써 불안감이 극적으로 감소했다. 불안에 익숙해지자 정신력이 강해진 것이다.

불안과 걱정은 마음에 품기만 하면 점점 팽창한다. 불안이 생기면 차라리 행동으로 옮겨라. 행동하다 보면 불안과 걱정은 자연스럽게 해소된다.

상황에 물러서지 않고 담담히 행동할 수 있는 사람은 강한 정신력을 지닌 사람이다.

바람직한 셀프 토크를 하라

셀프 토크는 역경을 극복하는 데 매우 효과적이다. 예를 들어, 열심히 공부했으나 자격증 시험에 떨어졌다고 치자. '그렇게 열심히 공부했는데 합격을 못 했어. 다시는 일어설 수 없어'라고 부정적으로 생각하는 것이 아니라 '어쩌다 보니 내가 공부 안 한 곳에서 많이 출제되었을 뿐이야. 다음에는 반드시 합격할 수 있어. 이대로 더 노력하자'라고 긍정적인 셀프 토크를 하자.

호주 태즈메이니아 대학 심리학자 테드 톰슨 박사의 연구진은 '반론 사고'에 관해 실험했다. 우선 테스트를 통해 '걱정성 · 비관주의적'이라고 판정된 32명의 피험자를 선정했다. 그리고 그들을 대상으로 반론 사고 훈련을 4주간 시행했다. 반론 사고란 불안에 반론을 제기하는 것을 말한다. 예를 들어, 건강에 불안을 느끼는 사람이라면 걱정이 머릿속을 스칠 때마다 '괜찮아. 나는 정기 검진을 받고 있고 운동도 하고 있어'와 같은 식의 반론을 제기해 보는 것이다. 여기에서 유의해야 할 점은 실제 있는 사실을 기반으로 반론을 제기해야 한다는 점이다.

피험자를 추적 조사한 결과, 이 훈련을 끝마친 이들은 뚜렷하게 긍정적으로 바뀌었다. 이렇듯 반론 사고를 익혀 두면 역경이 덮쳐 와도 뛰어넘을 수 있다. 나는 선수들에게 슬럼프에 빠지거나 몸이 좋지 않을 때 셀프 토크를 활용하라고 조언했다. 그들에게 다음과 같은 말을 자주 하도록 독려했다.

반론 사고의 포인트는 실제 있는 사실을 기반으로 반론하는 것이다. 아무런 근거도 없는 반론은 효과가 없다.

역경이 비약의 힌트를 준다.

슬럼프는 비약할 절호의 기회.

목숨까지 빼앗기는 것은 아니다.

잘 되지 않는 것에 감사하고 다음 도전에 대비하자.

실패의 횟수와 꿈의 크기는 비례한다.

소설가 요시카와 에이지는 '벽에 부딪힌 것은 새로운 전개의 첫걸음'이라는 말을 남겼다. 벽에 부딪힌 사실을 감사하고 그것으로부터 탈출하는 일에서 보람을 찾아내자. 중국에서는 '기(機)'라는 말에 두 가지 의미가 있다. 하나는 '위기'의 '기'다. 또 하나는 '기회'의 '기'다. 위기는 곧 기회이며, 기회는 곧 위기라는 말이다.

바람직한 셀프 토크와 바람직하지 않은 셀프 토크를 도표 3-2에 정리해 보았다. 이 말들을 머릿속에 넣고 위기가 찾아왔을 때 자기 자신에게 말을 걸어 보자.

도표 3-2 셀프 토크의 바람직하지 않은 사례와 바람직한 사례

● 바람직하지 않은 셀프 토크
① 자격증 시험에 떨어져 버렸다. 다시 일어설 수 없어.
② 업무와 관련해서 상사와 언쟁을 벌이고 말았다. 이 부서에 있기 힘들다.
③ 요새 일이 재미없다. 나는 이 일에 맞지 않아.
④ 매매 계약이 파기되었다. 이제 승진은 물 건너갔어.
⑤ 앞으로의 업무 진행 방식을 프레젠테이션했는데 통과되지 않아 절망에 빠졌다.
⑥ 아이의 양육 방식으로 아내와 싸웠다. 그녀는 당분간 나와 이야기하지 않을 것이다.

바람직하지 않은 셀프 토크는 자기에게 '저주'를 거는 것과 같다.

● 바람직한 셀프 토크
① 자격증 시험에 떨어진 원인을 분석해서 다음 시험에 대비하자.
② 솔직히 사과하고 상사의 의견을 반영하여 일하자.
③ 결과가 좋지 않아서 조금 실망한 것뿐, 성과를 올리는 데 전력투구하자.
④ 계약이 파기된 이유를 정확히 분석해서 재도전하자.
⑤ 프레젠테이션 내용을 분석해서 일의 진행 방식을 개선하자.
⑥ 아내의 의견을 성심성의껏 받아들이고 화해하자.

바람직한 셀프 토크는 기분을 긍정적인 방향으로 바꿔 준다.

무슨 일이든 '천 리 길도 한 걸음부터'

심리학자인 가토 다이조는 『逆境をはね返す心理学역경을 뒤집는 심리학』, 〈PHP研究所〉에서 이렇게 말했다.

"걱정하는 사람은 계획을 세울 때 즉효성 있는 계획을 세우려 한다. 30년 후에 행복해져 있는 사람은 '어제보다는 오늘, 오늘보다는 내일'이라는 삶의 방식을 30년간 반복한 사람이다. 꿈이 이루어지는 사람은 30년 동안 매일 10엔씩 모으는 사람이다."

매일 작은 목표나 일과를 꾸준히 실현하다 보면 우리는 행복해진다. '내 맘대로 안 돼'라며 한탄하는 사람은 단숨에 성공을 거머쥐려고 한다. 무슨 일이든 '천 리 길도 한 걸음부터'다.

원대한 꿈을 단숨에 실현하고 싶은 사람은 분노와 불쾌감으로 가득 차 있을 가능성이 높다. 분노나 불쾌감은 아드레날린이나 코르티솔과 같이 스트레스에 대항하는 호르몬에 큰 영향을 받는다. 아드레날린 분비가 촉진되면 혈압이 올라가고 스트레스 상태가 지속되며 코르티솔의 분비가 촉진된다. 결과적으로 혈당이 높아지고 면역력은 저하된다.

자신에게 맞는 스트레스 발산 방법을 한시라도 빨리 찾아야 한다. 심리학자인 데이비드 시베리 박사는 "지혜를 지닌 채 분노를 다루라"고 말했다. 아래에 구체적인 대책 몇 가지를 제시했다. 시베리 박사는 "화가 치미는 상황과 맞서기 위한 이 방법은 최근 사려 깊은 사람들에 의해 시도되어 왔다. 이는 매우 효과적이다"라고 논문에서 밝혔다.

지혜를 지닌 채 분노를 다루는 구체적인 비책. 분노를 느끼면 아드레날린과 코르티솔이 분비되어 혈압과 혈당을 높인다. 분노라는 감정을 자유자재로 가라앉히는 기술은 건강한 생활의 비결이다.

스스로 제어할 수 없는 일에 과잉 반응하지 않는다

정신력이 강한 사람은 분노 조절이 잘 되는 사람이다. 인생은 수행이다. 감정을 조절할 수 있는 사람은 자신이 제어할 수 없는 일에 과잉 반응하지 않는다. '전철이 안 온다', '엘리베이터가 안 온다', '약속 시간에 상대가 안 온다', '레스토랑에서 주문한 요리가 좀처럼 안 나온다'. 이러한 일들은 당신을 화나게 할 수 있지만, 대부분 당신이 제어할 수 없다. 엘리베이터 버튼을 아무리 눌러도 엘리베이터가 빨리 오는 것은 아닌 것처럼 말이다.

웨이터에게 "주문한 요리가 아직 안 나왔잖아! 이 식당은 대체 일을 어떻게 하는 거야!"라고 고래고래 소리를 질러도, "제 주문이 잘 들어갔나요?"라고 웨이터에게 냉정하게 확인해도, 요리가 나오는 시간은 거의 달라지지 않는다. 과잉 반응하지 않고 냉정하게, 담담한 태도를 취하는 것. 이것이 분노를 조절하는 기술이다.

우리는 감정과 행동의 인과 관계를 오해하고 있다. '감정이 행동을 지배한다'고 생각한다. 슬픈 일이 일어났을 때, 눈물을 흘린다. 슬프기 때문에 눈물이 나온다고 생각한다. 그러나 사실은 눈물이 나오기 때문에 슬퍼지기도 한다. 제임스·랑게설(James-Lange說)에 따르면 눈물이 나온다는 생리 현상이 슬픔이라는 감정을 불러오기도 한다는 것이다.

만약에 회사에서 화가 나는 일이 있다면, 휴식 시간에 가까운 공원으로 가서 남몰래 눈물을 흘려보내자. 그러면 생각보다 화를 내기가 어려워질 것이다. '감정이 행동을 지배하는 것'이 아니라 '행동이 감정을 지배한다'는 사실을 이해하자. 신나는 행동은 취하고 좋지 않은 감정은 흘려보내는 연습을 하자.

'감정이 행동을 지배하는 것'이 아니라 '행동이 감정을 지배한다'는 사실을 이용해 신나는 행동을 하자. 좋지 않은 감정은 날려 버리자.

건강을 위협하는 분노를 조절하라

화를 잘 내는 사람은 병에 걸릴 확률이 높다. 미국 국립노화연구소(NIA)의 조사에서 경쟁심이 강하고 공격적이며 화를 잘 내는 사람은 성격이 온화한 사람보다 심장 발작이나 뇌졸중 위험성이 훨씬 높다고 밝혔다. 일본에서도 비슷한 데이터가 있다. 오사카부립건강과학센터가 아키타현, 이바라키현, 오사카부, 고치현 주민을 대상으로 한 조사에서는 화를 쌓아두는 사람은 고혈압이 발생할 위험이 높다고 보고했다.

병이 나거나 다쳤을 때 화를 잘 내는 사람은 회복이 늦다. 미국 오하이오 대학의 조사에서 가벼운 화상을 입은 환자의 피부 회복 상태를 조사한 결과, 화를 잘 내는 사람은 그렇지 않은 사람보다 회복이 더딘 것으로 드러났다. 이처럼 화는 건강을 위협한다.

나는 분노 조절용 체크리스트를 개발하여 수많은 운동선수나 사업가에게 활용하도록 했다(도표 3-3). 우선 날짜, 시간, 장소 등의 기본적 내용을 적는다. 그 다음 화가 난 상황과 그 이유를 각각 세 줄씩 쓴다. 그리고 화가 난 정도를 5단계로 평가한다. 5는 최고 수준, 1은 최저 수준이다. 다음으로 화를 내서 발생했던 문제를 적자. 화를 내지 않기 위한 해결책 또한 세 줄로 적어 보자. 이 기술을 익히면 나도 모르는 사이 화를 잘 내지 않는 사람이 돼 있을 것이다.

도표 3-3 분노 조절용 체크리스트

1. 날짜와 시간

---

2. 장소

---

3. 화가 난 상황

---

4. 화가 난 이유

---

5. 화가 난 정도

   1 2 3 4 5

---

6. 화를 냄으로써 발생한 문제

---

7. 해결책

체크리스트 항목에 따라 적는 것만으로 화가 가라앉을 수 있다. 내용을 채워 나가면 자신을 객관적으로 보게 되어 냉정함을 되찾을 수 있다.

감정 조절의 달인이 되라

이치로 선수는 어떻게 히트를 양산할 수 있었을까? 대부분은 그 비결이 그의 탁월한 배팅 센스 때문이라고 생각한다. 아니다. 이치로 선수가 성과를 내기 시작했을 때 다른 타자와 배팅 센스에 있어서 큰 차이가 없다. 크게 달랐던 지점은 슬럼프에서 빠져나오는 데 걸렸던 시간이다. 이치로 선수는 감정 조절을 잘하는 선수였다. 부침이 적기 때문에 슬럼프에 빠져도 실망하거나 좌절하지 않았다.

다니엘 골먼 박사가 쓴 『EQこころの知能指数EQ 감성지능』, 〈講談社〉은 일본에서 베스트셀러가 되었다. 마음의 지능 지수를 처음으로 이론화한 미국 뉴햄프셔 대학의 존 메이어 박사와 예일 대학의 피터 샐로비 박사는 마음의 지능 지수가 높은 인간의 특징을 다음 다섯 가지로 들었다.

1. 마음속에서 끓어오르는 감정의 인식이 가능한 사람.
2. 그 감정을 제어할 수 있는 사람.
3. 자신의 감정에 동기를 부여할 수 있고 큰 목표를 달성할 수 있는 사람.
4. 타인의 감정을 인식하고 공감할 수 있는 사람.
5. 타인의 감정을 잘 받아들이고 타인에 대한 영향력, 리더십이 있는 사람.

그렇다면 당신은 안정적으로 감정을 제어할 수 있는지 체크해 보자. 도표 3-4의 16개 항목은 짐 레이어 박사가 고안한 것으로, 이 체크리스트의 목적은 자기 객관화를 통해 감정 통제 기술의 필요성을 인식하는 것에 있다.

도표 3-4 감정 조절 능력 체크리스트

출처: 짐 레이어『メンタル・タフネス멘탈 터프니스』, 〈CCCメディアハウス〉

평소 생활을 돌아보며 다음 항목에 해당하는 것에 체크해 보자.
[질문]
□ 괴로운 상황에 맞닥뜨려도 몇 번이고 부딪혀 나갈 수 있는 기분이 든다. □ 결과가 빠르게 나오지 않아도 포기하지 않는다. □ 지루한 일을 할 때도 그 일의 재미있는 부분을 찾으려고 노력하며 일하는 '지금'을 즐기려 한다. □ 인생의 난관에 부딪혀도 창의적이려고 노력한다. □ 어떤 상황이라도 막상 닥치면 매우 냉정하고 집중하며 긍정적인 에너지가 넘친다. □ 자기 능력치의 한계에 도전하는 것을 좋아한다. □ 중요한 일을 할 때 실력 발휘를 잘 하는 경우가 많다. □ 압박감을 느꼈을 때 무력감에 휩싸이거나 피로를 느끼는 일은 거의 없다. □ 필요할 때 냉정하고 기민하며 집중된 상태가 될 수 있다. □ 대부분 감정을 잘 조절하며 힘을 모두 쏟을 수 있다. □ 압박감이 있을 때일수록 강하다. □ 어려운 상황에도 웃음이나 기쁨, 투쟁심, 유머 등 다양한 긍정적인 감정을 불러일으킬 수 있다. □ 자신이 하는 일에 오롯이 집중할 수 있다. □ 무언가 하려고 마음먹으면 한 가지에 주의를 집중하는 것은 간단한 일이다. □ 보람 있는 문제를 해결할 때 시간과 장소도 잊어버릴 때가 많다. □ 힘을 발휘해야 할 때는 부정적인 감정을 쉽게 떨칠 수 있다.

자신의 감정적 취약성을 깨닫는 것. 그것이 감정을 조절하는 기술의 첫걸음이다. 평가는 72쪽을 참조.

도표 3-1 정신력 테스트 평가

아래 5단계 평가에서, ○의 개수로 자신의 평가를 산출해 보자.	
13 이상	당신의 정신력은 최고 수준입니다.
10~12	당신의 정신력은 뛰어난 수준입니다.
7~9	당신의 정신력은 평균 수준입니다.
4~6	당신의 정신력은 뒤떨어진 수준입니다.
3 이하	당신의 정신력은 최저 수준입니다.

도표 3-4 감정 조절 능력 수준 평가

[평가] 체크한 개수	
14 이상	당신은 감정 조절의 달인입니다.
11~13	당신의 감정 조절 수준은 뛰어납니다.
8~10	당신의 감정 조절은 평균 수준입니다.
5~7	당신의 감정 조절 수준은 약간 뒤떨어져 있습니다.
4 이하	당신의 감정 조절 수준은 뒤떨어져 있습니다.

긍정성을 유지하는 기술

긍정성을 유지하라

어떤 역경이 닥쳐와도 웃으면서 훌륭히 극복하는 사람이 있다. 그런 심리를 연구함으로써 긍정심리학이 확립되었다. 이 분야의 권위자인 미국 노스캐롤라이나 대학의 바바라 프리드릭슨 박사는 이러한 사람들의 마음 상태를 긍정성(Positivity, 자기 긍정적인 마음 상태)이라고 부르며 그것은 감사, 애정, 재미, 기쁨, 희망, 감동 등으로 나타난다고 주장했다. 박사는 긍정성의 효과에 대해 다음과 같이 말했다.

1. 기분이 좋다.
2. 사고의 범위를 확장시켜 준다.
3. 미래를 바꿔 준다.
4. 부정성에 브레이크를 걸어 준다.
5. 긍정성 자체를 강화시킬 수 있다.

그렇다면, 긍정성을 강화하기 위해 어떤 행동 패턴을 취하면 될까? 그것에 관해 프리드릭슨 박사는『ポジティブな人だけがうまくいく3：1の法則긍정적인 사람만이 잘 되는 3:1법칙』, 〈日本実業出版社〉에서 이렇게 말했다.

"감정은 강물의 흐름과 같다. (중략) 강물의 흐름을 결정짓는 것은 사고 습관이다. 대부분의 연구 결과가 '사고 습관이 변화하면 감정의 방향도 바뀐다'는 것을 보여주었다. 감정은 상황을 어떻게 해석하느냐에 달려 있기 때문이다."

긍정성을 유지하고 싶다면 '사고 습관'을 변화시키는 것이 중요하다.

가령 좋아하는 취미에 빠져 있으면 우리의 마음속에서는 앞서 말한 감정이 샘솟는다. 혹은 회사에서 잘하는 일에 몰두할 때도 바람직한 감정이 들기 시작한다. 역경이 찾아오더라도 기분 전환으로써의 취미나 자신의 '무기'를 발휘할 수 있는 일에 집중하면 역경을 극복할 수 있는 것이다.

업무는 자신의 '무기'를 구사할 수 없는 작업도 포함돼 있다. 복사 또는 정리를 하거나 장시간의 지루한 정례 회의에 출석해야 하는 일도 있을 것이다. 그럴 때 '아 지루해 죽겠네. 마치 프로 야구에서 순위가 결정된 다음에 하는 형식적인 경기 같잖아'라고만 생각해서는 안 된다. 그렇게 되면 점점 더 부정성(자기 부정적인 마음 상태)이 강해진다. 이럴 때는 '좋아, 오늘은 얼마나 이 작업에 집중할 수 있는지 내 한계를 시험해 보자!'라는 태도로 임하자. 어떤 작업이라도 자신의 한계에 도전하는 자세라면 일에 몰두할 수 있다. 그렇다면 성과도 자연스럽게 따라올 것이다.

● 어려움을 '자신의 무기를 단련할 기회'라고 생각하라.

2016년 리우 올림픽에서 일본 선수의 활약이 두드러졌다. 특히 인상적이었던 것은 이무라 마사요 코치가 이끄는 싱크로나이즈드 스위밍 팀 '머메이드 재팬'의 활약이었다. 듀엣과 솔로에서 각각 동메달을 땄다. 참고로 2012년 런던 올림픽에서는 노메달이었다.

이무라 마사요 코치는 매우 엄격하기로 유명하다. 그렇게까지 선수를 몰아붙이는 코치는 찾기 힘들다. 연습이 상상을 뛰어넘을 정도로 가혹해서 평범한 사람은 일단 따라갈 수가 없다. 그렇다면 어떻게 대표 선수들은 이 가혹한 연습을 견딜 수 있을까? 그들은 이시이 코치가 자신의 '무기'를 단련시켜 준다는 사실을 알고 있기 때문이다.

같은 작업을 하더라도 억지로 하는 것과 구체적인 목표를 세워서 게임하듯 하는 것은 동기 부여 면에서도 큰 차이가 있다.

강조하고 싶은 것은 자신의 특기를 갈고닦기 위해서라면 우리는 약간의 역경과 곤란을 뛰어넘을 각오가 되어 있다는 사실이다. 일 자체가 자신의 특기를 갈고닦을 기회라고 받아들여야 한다. 그렇게 하면 성과가 나지 않는 괴로운 상황이나 힘든 훈련도 '나의 무기를 갈고닦기 위해 반드시 필요하다'고 여길 수 있다. 회복탄력성도 또한 높아진다. 어떤 역경이나 곤란한 벽도 '자신의 무기를 갈고닦기 위한 시련'이라고 생각하면 뛰어넘을 용기가 샘솟는 법이다.

리우 올림픽에서 메달을 딴 선수는 자신의 '무기'를 갈고 닦는 데 자신의 인생을 걸고 몸과 마음을 다해 경기에 임했다. 4년에 한 번밖에 열리지 않는 올림픽에서 메달을 따기 위해 말도 안 될 정도로 힘든 연습에 매진할 수 있었던 이유는 무엇일까? 각자 생각해 보자. 있는 힘을 다해 마음속에 긍정성을 채우고 고생을 마다하지 않으며 열심히 할 수 있는 일을 발견하는 것이야말로 충실한 인생을 살아가기 위한 중요한 요소다.

맹연습이라도 그 끝에 희망이 보인다면 인간은 견딜 수 있는 법이다. '왜 이런 맹연습을 하는가?' 그 목적을 뚜렷하게 만드는 것이 회복탄력성을 높여준다.

자신의 긍정성을 올바르게 파악하라

그렇다면 실제로 당신의 긍정성은 어느 정도인지 진단해 보자. 도표 4-1을 참고하면 1~20의 각 항목에 의미가 유사하지만 차이가 있는 단어 세 개가 열거되어 있다. 각 항목에서 가장 가까운 숫자에 ○를 치면 된다.

이 테스트에서 ○를 친 항목이 긍정성을 나타내는 항목이며 그 외의 항목이 부정성을 표현한 항목이다. 이어서 긍정성 항목에서 '2' 이상의 ○를 친 항목 수를 구하자. 부정성 항목에서 '1' 이상에 ○를 친 항목도 세어 보자. 그리고 긍정성 수를 부정성 수로 나눈다. 마지막으로 부정성을 1로 했을 때의 긍정성 수를 나누어 계산하자. 가령 긍정성 수가 6, 부정성 수가 4라면 6÷4=1.5가 구한 숫자이다. 단, 부정성이 0인 경우에는 나눌 수 없으므로 1로 한다.

프레드릭슨 박사는 '이 값이 3일 때가 이상적'이라고 주장한다. 긍정성만 있을 때보다 긍정성과 부정성이 적절한 비율을 이룰 때 오히려 긍정성이 강화된다. 실제 생활에서 부정성이 0이 되기는 어렵다.

요트를 떠올려 보자. 선체 위에 커다란 돛대가 서 있다. 이대로라면 무게 중심이 너무 높아져서 요트는 쓰러진다. 따라서 선체에 달린 추, 센터보트가 물속에 잠겨 있다. 돛대와 추가 균형을 이루며 요트는 앞으로 나아간다. 이때, 돛대가 긍정성이고 선체 하부에 달린 추가 부정성을 상징한다는 사실은 굳이 말할 필요도 없다.

도표 4-1 긍정성 비율 자가 진단 테스트

출처: 「ポジティブな人だけがうまくいく3：1の法則 긍정적인 사람만이 잘 되는 3:1법칙」〈日本実業出版社〉

한 주간을 되돌아보며 느꼈던 감정의 정도를 '0~4'의 숫자로 답하시오.

0=전혀 느끼지 않았다 1=조금 느꼈다 2=중간 정도 느꼈다
3=꽤 느꼈다 4=매우 강하게 느꼈다

① 재미, 유쾌, 어이없다고 느낀 일	1	2	3	4
② 분노, 짜증, 불쾌하다고 느낀 일	1	2	3	4
③ 수치, 굴욕, 염치없음을 느낀 일	1	2	3	4
④ 외경, 위협, 경탄을 느낀 일	1	2	3	4
⑤ 경멸, 업신여김, 무시당하는 기분을 느낀 일	1	2	3	4
⑥ 혐오, 싫음, 강한 불쾌감을 느낀 일	1	2	3	4
⑦ 다른 사람의 시선을 신경쓰거나 부끄러움을 느낀 일	1	2	3	4
⑧ 감사, 고마움, 기쁨을 느낀 일	1	2	3	4
⑨ 죄의식, 후회, 자책을 느낀 일	1	2	3	4
⑩ 증오, 불신, 의혹을 느낀 일	1	2	3	4
⑪ 희망, 낙관, 용기를 느낀 일	1	2	3	4
⑫ 고무되거나 고양감을 느끼고 용기가 생긴 일	1	2	3	4
⑬ 흥미, 강한 관심, 호기심을 느낀 일	1	2	3	4
⑭ 기쁨, 쾌감, 행복을 느낀 일	1	2	3	4
⑮ 애정, 친밀함, 신뢰를 느낀 일	1	2	3	4
⑯ 자부심, 자신감, 자신에 대한 신뢰를 느낀 일	1	2	3	4
⑰ 슬픔, 낙담, 불행을 느낀 일	1	2	3	4
⑱ 두려움, 공포, 떨림을 느낀 일	1	2	3	4
⑲ 안심, 만족, 평온을 느낀 일	1	2	3	4
⑳ 스트레스, 긴장, 중압감을 느낀 일	1	2	3	4

부정성이 많더라도 그 이상으로 긍정성이 많다면 균형을 잡을 수 있다. 만약 어떻게 해도 부정성이 늘어난다면 긍정성을 강화하도록 노력하자.

긍정성을 키우는 기술을 익혀라

앞서 소개한 바바라 프레드릭슨 박사는 긍정성을 강화함으로써 다양한 자원을 증가시킬 수 있다고 주장한다. 그 다양한 자원은 다음과 같다.

① 정신적 자원의 증가

불안이 줄어들어 의식을 집중시킬 수 있게 된다. 미래를 떠올릴 때 좋은 일이 일어날 것 같은 예감을 즐길 수 있다.

② 심리적 자원의 증가

자기 자신의 존재를 긍정적으로 받아들일 수 있게 되어 삶의 의미가 명확해지고 꿈을 가지고 행동할 수 있다.

③ 사회적 자원의 증가

신뢰할 수 있는 우호적인 인간관계를 형성하여 마음의 여유를 가질 수 있게 되고 알찬 인생을 보낼 수 있다.

④ 신체적 자원의 증가

건강이 전보다 뚜렷하게 개선된다.

프레드릭슨 박사는 이렇게 말했다.

"인간은 긍정성이 증가하면 심리적으로 성장합니다. 낙관적인 사람이 되고, 회복이 빨라지고, 수용성이 커지고, 목적의식이 생겨납니다."

박사는 '명백히 긍정성은 전염된다'고 강조한다. 가족 구성원 중 한 명이 긍정적인 에너지가 넘치는 사람이라면 가족 모두의 긍정성은 증가한다고 말한다. 반대의 경우, 가족 모두의 마음속에 부정성이 증식한다.

긍정성이 커지면 건강해진다는 데이터도 있다. 스트레스를 유발하는 물질이 감소하면서 도파민과 오피오이드(마약성 진통제) 같은 바람직한 신경전달물질이 증가해 면역력이 높아진다. 감기에 잘 안 걸리게 되거나, 혈압이 내려가거나, 불면증이 나아졌다는 등의 의학적 보고가 이를 뒷받침한다.

긍정성도, 부정성도 '전염'된다. 긍정성을 발휘할 수 있는 사람이 되면 주변 사람도 그것을 깨닫고 가까이 다가온다. 각각의 구성원이 긍정성을 갖춘 집단은 다양한 국면에서 강인함을 발휘한다.

부정성을 줄이는 기술을 익혀라

그렇다면 마음속에 증식하는 부정성을 어떻게 줄일 수 있을까? 그 구체적인 방법을 소개하겠다. 툇마루에 비쳐 든 햇살을 상상해 보자. 가을 낮, 따뜻한 태양 빛이 쏟아지는 툇마루에 앉아 있으면 형언할 수 없는 기분 좋음을 느낄 것이다. 그것이 긍정성이다.

한편 부정성은 산불이다. 아주 작은 걱정거리였는데 방치하면 놀라운 기세로 번져서 결국 산 전체를 불태우고 마는 것이다. 부정성의 불꽃이 점점 번지는 원인을 심리학적으로는 '반추'라고 부른다. 반추란 무언가를 두 번, 세 번 반복적으로 생각하며 곱씹는 일이다. 부정성은 '작은 불'일 때 끄는 것이 중요하다. 상대방이 마음에 안 드는 점을 반복적으로 생각하다 보면 불만은 점점 팽창한다. 부정적인 감정이 다른 부정적인 감정을 불러오면서 점차 부정성의 양은 늘어난다.

● 그렇다면, 어떻게 해야 할까?

첫 번째는 자신이 반추하고 있다는 사실 자체를 깨닫는 것이다. 부정적인 생각이 맴도는 현 상황을 가능한 한 빨리 깨닫는 것만으로도 부정성이 경미한 상황이라면 그 생각에서 빨리 벗어날 수 있다.

두 번째는 기분 전환이다. 요가, 조깅, 가드닝, 미술관에서 작품 감상하기, 요리 강좌 수강과 같이 기분 전환할 수 있는 행위를 하는 것이다. 기분을 바꿀 수 있는 행동이라면 무엇이든 좋다. 포인트는 솟아오르는 부정성에 뚜껑을 닫는 것이 아니라 일단 그것에서 잠시 떨어지는 것이다.

반추는 그야말로 부정적인 연쇄작용이다. 이것을 멈추려면 우선 자신이 반추하고 있다는 사실을 깨달아야 한다.

그렇지만, 기분 전환 방법에 관해 '독서나 영화 감상은 효과적이지 않다'고 주장하는 학자도 있다. 그 내용에 포함된 부정적인 표현의 문장이나 장면을 체험하면서 부정성이 늘어날 수도 있기 때문이다.

음주나 흡연도 추천할 수 없다. 이 도피 방법은 반추를 조장한다. 기분 전환의 방법이 당신에게 있어서 건전한 것인지, 불건전한 것인지를 명확히 파악하는 것도 중요하다.

부정성을 '억지로 누르려고'하면 큰 에너지를 쓰게 되고 누를 수 없을지도 모른다. 그러므로 무리하지 말고 부정성으로부터 '우선 물러나자'.

충실한 삶을 위해 행동의 템포를 올려라

호주 애들레이드 대학의 심리학자 존 프리브너 교수는 매일 행복하게 사는 사람들의 공통점은 생활 템포가 빠른 것이라는 연구 결과를 밝혀냈다. 빠른 템포로 일을 수행하는 사람은 그렇지 않은 사람보다 행복감이 22%나 높았다.

스트레스를 해소하려고 하루를 늘어지게 보내면 스트레스는 오히려 쌓인다. 아무것도 하지 않고 목적 없이 하루를 끝마치는 사람은 작은 역경을 만나는 것만으로도 무너질 가능성이 높아진다. 동기 부여도 쉽지 않다.

아침에 일어난 후 그날 해야 할 일을 점검하고, 각각의 작업에 우선순위를 매긴 후, 활동적인 하루를 보낼 수 있도록 궁리하자. 활동적인 생활 리듬을 만드는 것만으로도 의외로 쉽게 스트레스를 해소할 수 있다. 또, 그날 업무에 우선순위를 정하는 것뿐 아니라 각각의 업무에 제한 시간을 설정하자. 엄격한 마감 기한을 설정함으로써 저절로 작업의 효율성이 높아지고 빠르게 행동할 수 있을 뿐 아니라 행복감도 느낄 수 있다.

● '고다마식 하루 재현법'으로 긍정성을 늘리자.

하루 중 긍정성과 부정성의 비율을 실제로 파악하는 '하루 재현법'이 있다. 하루를 돌아보며 그날그날 행동을 개선하기 위한 방법이다. 나는 앞서 소개한 바바라 프레드릭슨 박사가 주장하는 방법을 참고하여 고

좋은 리듬으로 하루를 보내려면 계획을 세워라. 일정을 정하면 고민하는 시간이나 무기력하게 보내는 시간을 줄일 수 있어서 낭비하지 않을 수 있다.

다마식 하루 재현법을 개발했다. 또한 이를 수많은 직장인과 학생에게 권장하고 있다.

요즘은 스마트폰으로 쉽게 사진을 찍을 수 있다. 아침에 일어나서 밤에 잠자리 들기 전까지 그 날의 하이라이트를 스마트폰으로 촬영하는 것이다. 대표적인 촬영 예시는 다음과 같다.

1. 아침을 먹을 때 아침 메뉴를 촬영
2. 출근할 때 회사 입구를 촬영
3. 출근한 후 회의 전 회의실을 촬영
4. 점심 시간, 점심 메뉴를 촬영
5. 거래처와 미팅이 있던 카페를 촬영
6. 동료와 한잔하던 술집에서 촬영

이런 식으로 하루 5~7개의 장소를 촬영해 보라. 그리고 집에 돌아와 스케줄러에 한 줄 단위로 그 이벤트를 적고 그 이벤트가 긍정적이었는지, 부정적이었는지 판단해 0~4점으로 점수를 매기자. 채점법은 4-2의 '긍정성 비율 자가 진단 테스트'에 따라 적고, 그날의 긍정성 비율을 계산하면 된다.

이 습관이 몸에 배면 긍정성 비율이 점점 증가하는 것을 확인할 수 있다. 마음만 먹으면 긍정성을 강화할 수 있다는 것을 깨달을 것이다. 그리고 긍정적인 이벤트를 꾸준히 만들 수 있다. 그렇게 되면 무의식중에 부정성이 높아지는 이벤트를 피하게 된다. 이 사실을 깨닫게 해 주는 것이 고다마식 하루 재현법이다.

'고다마식 하루 재현법'을 실행하면 무엇이 부정성의 원인이었는지 확실히 알 수 있다. 피할 수 있는 부정성이라면 피하는 편이 좋다.

마음챙김을 익혀라

부정성을 줄이는 또 하나의 방법은 마음챙김에 있다. 마음챙김이란 '자신의 사고나 감정을 판단에 의지하는 것이 아니라 있는 그대로 인식하는 것'이다. 이 분야의 선구자인 메사추세츠 대학의 존 카밧진 교수는 마음챙김을 다음과 같이 정의한다.

'의식적으로 판단에 집중하기보다 지금 이 순간에 몰입하는 것'

관찰자의 시점으로 사고나 감정을 객관화하는 것이다. 육상 경기장을 떠올려 보라. 사고나 감정은 경기를 하는 육상 선수에 해당한다. 마음챙김은 선수가 아닌 그 경기를 관전하는 관중의 입장이 되어 지켜보는 작업이다.

마음챙김은 후천적으로 습득할 수 있는 기술이며 훈련하면 누구나 그 기량을 높일 수 있다. 카밧진 박사는 이 방식은 불안이 줄어들 뿐 아니라 면역력 향상과 우울증 완화에도 효과적이라고 주장한다.

● 오늘을 있는 힘껏 열심히 산다

마음챙김의 의식을 높이기 위해 나는 '1일 1생'을 좌우명으로 삼고 있다. 이 말은 '하루하루를 마지막처럼 소중히 사는 것'이다. 우리는 걸핏하면 '내일도 나는 살아 있을 것'이라고 믿는 구석이 있으므로 타성에 젖어 하루를 보내는 일도 드물지 않다. 사실 우리에게 내일도 살아 있으리라는 보장은 없다. 오늘 교통사고로 갑자기 목숨을 잃을 수도 있고 급성 심근경색으로 침대 위에서 숨을 거둘 수도 있다. 매 순간 이런 절실함을 가지고 산다면 역경이 찾아와도 그것에 대항할 용기가 샘솟

마음챙김
사고
감정

는다. '일일시호일(日日是好日)'이라는 말이 있다. 나는 이 말을 다음과 같이 해석한다.

'매일을 "오늘만큼 훌륭한 날은 없다"고 생각하며 소중히 살아가자'.

연간 목표, 월간 목표, 그리고 주간 목표도 물론 중요하다. 그러나 그 모든 것은 하루하루를 성실히 살아가는 일보다 더 중요하지는 않다. 내가 살아가는 매일이야말로 인생에서 가장 중요한 테마여야 한다. 아무리 원대한 장기 목표를 세워도 하루를 도외시한다면 그것은 성립되지 않는다. 그날 일어난 좋은 일과 좋지 않았던 일, 모두 있는 그대로 받아들이자. 편애해서는 안 된다. 어떤 일이 일어나도 그것은 일어날 만한 일이었다. 당신 인생의 필연이기 때문이다.

미국에는 'Everything happens for the best.'라는 속담이 있다. 나는 이 속담을 '모든 것은 최선을 위해 필수적인 것'이라고 해석한다. '어쩌면 오늘이 인생 마지막 날일지도 모른다'는 절박함을 가지고 눈앞의 하루에 전력투구하자. 바로 이것이 마음챙김의 핵심이다.

오늘을 '인생의 마지막 날'처럼 산다

아들러 심리학 해설서인 『嫌われる勇気미움받을 용기』, 〈ダイヤモンド社〉에서 '인생에서 최대의 거짓말, 그것은 "지금, 여기"를 살지 않는 것'이라고 말한다.

자신의 현재 긍정성을 확인하라

앞서 소개한 바바라 프레드릭슨 박사는 『ポジティブな人だけがうまくいく3：1の法則 긍정적인 사람만이 잘 되는 3:1법칙』에서 재미있는 실험을 소개했다. 다음 페이지의 도표 4-2는 프레드릭슨 박사가 소개한 것으로, 이를 통해 '당신이 지금 어떤 심리 상태에 있는지' 알 수 있다. 다음 세 장의 일러스트를 통해 당신이 지금 긍정적인 심리 상태에 있는지, 부정적인 심리 상태에 있는지 알 수 있다. (1)은, (2)와 (3)중 어느 쪽과 닮았는가?

● **결과**

(2)를 고른 사람→ 긍정적인 감정이 마음속을 채우고 있다.

(3)을 고른 사람→ 부정적인 감정이 마음속을 채우고 있다.

● **이유**

긍정적인 감정이 채우고 있으면 커다란 개념(이 경우에 삼각형 형태의 구조적 배열)으로 대상을 파악할 수 있다. 한편 부정적인 감정이 채우고 있으면 주변 시야가 좁아져서 작은 개념(이 경우에는 각 도형의 형태인 사각형)에만 의식이 집중된다.

물론 긍정적인 심리 상태라면 큰 개념뿐 아니라 작은 개념에도 시선이 갈 수 있다. 이 실험으로 긍정적인 감정을 지니는 것이 얼마나 중요한지 잘 알 수 있다.

도표 4-2 당신은 지금, 긍정적인가 부정적인가?

출처: 「ポジティブな人だけがうまくいく3：1の法則긍정적인 사람만이 잘 되는 3:1법칙」, 〈日本実業出版社〉

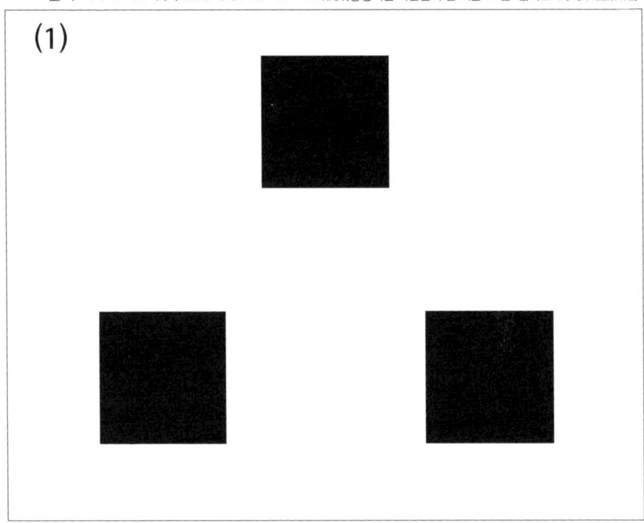

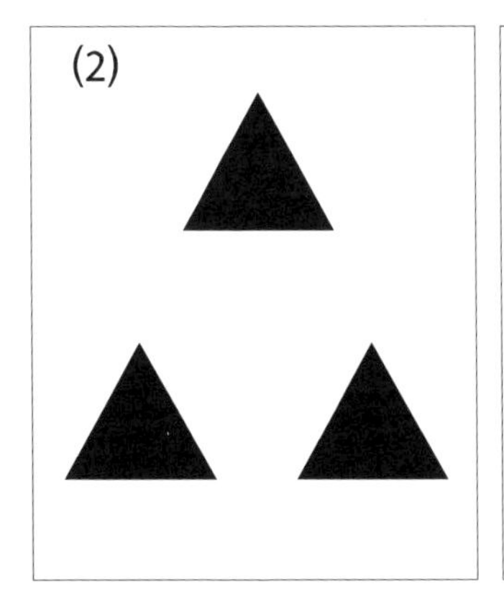

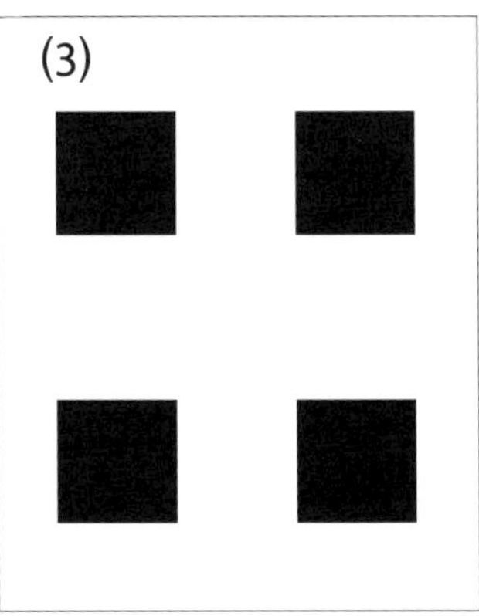

긍정적인 감정이 마음속을 채우고 있는 사람은 '커다란 삼각형'으로 보지만, 부정적인 감정이 마음속을 채우고 있는 사람은 '작은 사각형'에 눈이 가기 쉽다.

자신의 행복 지향성을 진단하라

긍정심리학의 권위자인 미국 미시간 대학의 크리스토퍼 피터슨 박사는 이렇게 말했다.

"행복한 사람과 불행한 사람에게 각각 자기 보고서를 받았다. 그리고 객관성을 더하기 위해 그들을 잘 아는 사람들에게도 보고서를 받았다. 이 둘의 특징을 비교해 본 결과 (중략) '행복한' 사람이 학교에서도, 직장에서도 성공했으며, 주변 사람들과 더욱 좋은 관계를 유지하고, 심지어 더 오래 살기까지 했다."

피터슨 박사는 긍정성의 척도로서 '행복 지향성의 정량화'를 추천한다. 테스트는 다음과 같다.

질문

오른쪽 페이지의 16가지 항목에 대해(도표 4-3)

'매우 많이 해당됨'이라면 5점

'많이 해당됨'이라면 4점

'조금 해당됨'이라면 3점

'그다지 해당되지 않음'이라면 2점

'전혀 해당되지 않음'이라면 1점

그 점수를 ( ) 안에 적어 넣자. 마지막에 카테고리별로 합계를 낸다.

도표 4-3 행복 체크 용지

출처: 크리스토퍼 피터슨『ポジティブ心理学入門긍정심리학입문』〈春秋社〉

아래 항목에 대해 어느 정도에 해당되는지 1~5의 숫자로 답하시오.

매우 많이 해당됨: 5　많이 해당됨: 4　조금 해당됨: 3
그다지 해당되지 않음: 2　전혀 해당되지 않음: 1

①( ) 내 인생에는 더욱 높은 목표가 있다.

②( ) 인생은 짧으므로 즐거움을 미룰 수 없다.

③( ) 내 스킬이나 능력을 시험할 수 있는 상황을 찾아 나선다.

④( ) 내가 제대로 살고 있는지 항상 확인한다.

⑤( ) 일에서도, 놀이에서도 중심에 있는 일이 많고 자기 자신을 의식하지 않는다.

⑥( ) 내가 하는 일에 대해 언제나 깊이 몰두한다.

⑦( ) 내 주변에서 일어나는 일에 신경이 흐트러지는 일은 거의 없다.

⑧( ) 나에게는 세상을 조금 더 좋은 곳으로 만들 의무가 있다.

⑨( ) 내 인생에는 영속적인 의미가 있다.

⑩( ) 무슨 일을 하든 내가 이기는 것이 중요하다.

⑪( ) 무엇을 해야 할지 선택할 때는 그것이 즐거운 일인지 아닌지를 늘 고려한다.

⑫( ) 내가 하는 일은 사회적으로 의미 있는 일이다.

⑬( ) 다른 사람보다 많은 일을 이루고 싶다.

⑭( ) '인생은 짧다. 많이 즐기자'라는 말에 동감한다.

⑮( ) 내 감각을 자극하는 것이 너무 좋다.

⑯( ) 경쟁하는 것이 좋다.

쾌감 추구에 관한 항목 ②⑪⑭⑮　점수 합계 ( )점

열중 추구에 관한 항목 ③⑤⑥⑦　점수 합계 ( )점

의미 추구에 관한 항목 ①⑧⑨⑫　점수 합계 ( )점

승리 추구에 관한 항목 ④⑩⑬⑯　점수 합계 ( )점

합계 ( )점

네 가지 카테고리 중 가장 고득점인 카테고리가 당신의 주요 지향성이다. 총득점이 높을수록 인생의 만족도가 높다고 할 수 있다.

결과

피터슨 박사는 '행복의 지향성'은 네 개의 카테고리로 분류할 수 있다고 주장한다. 답변을 참고하여 당신의 합계 점수를 구해 보라.

① 쾌감 추구(②⑪⑭⑮)

인생이라는 한정된 시간을 가능한 한 즐기고자 하는 의욕이 큰 사람이다.

② 열중 추구(③⑤⑥⑦)

무슨 일이든 일사분란하게 그것에 몰두하는 경향이 강한 사람이다.

③ 의미 추구(①⑧⑨⑫)

인생의 의미를 깊게 생각할 수 있고 더욱 원대한 목표에 도전할 수 있는 사람이다.

④ 승리 추구(④⑩⑬⑯)

경쟁 의식이 높으며 승리 · 달성에 강한 의욕을 보인다.

네 가지 중 가장 득점이 높은 항목이 당신을 가장 큰 행복으로 이끌어 줄 수 있다. 해당 항목의 점수가 높아질수록 당신의 행복이 커질 것이다. 네 가지 중 가장 낮은 점수에도 주목하자. 이 항목은 당신의 행복에 '족쇄'로 작용하고 있을 가능성이 있다.

행복의 지향성은 사람마다 다르다. 성패에 집착하지 않는 성향의 사람이 '승리 지상주의'를 목표로 하면 행복해지기 어렵다.

지난 삶을 되돌아보라

앞서 언급한 피터슨 박사는 행복감을 확인하는 간단한 방법을 제시했다.

행복감 확인

지금까지의 인생을 되돌아봤을 때 다음 다섯 가지 항목에 대해 1점부터 7점으로 평가해 보자. '전혀 동의하지 않는다'가 1점이고 '완전히 동의한다'가 7점이다.

질문1	내 인생은 대체로 이상에 가깝다.	( )점
질문2	내 인생은 훌륭한 상태다.	( )점
질문3	내 인생에 만족한다.	( )점
질문4	지금까지 내 인생에서 바라는 중요한 것은 손에 넣었다.	( )점
질문5	인생을 다시 산다고 해도 나는 거의 같은 인생을 살 것이다.	( )점
합계		( )점

합계 점수에 따라 '인생의 행복감'의 만족도를 알 수 있다.

평가 척도

31~35점=매우 만족, 26~30점=만족, 21~25점=약간 만족,

20점=어느 쪽도 아님, 15~19=약간 불만,

10~14점=불만, 5~9점=매우 불만

참고로 나의 득점과 그 평가는 다음과 같았다.

질문1=5점, 질문2=4점, 질문3=3점, 질문4=4점, 질문5=2점 합계=18점

나의 평가 결과는 '자신의 인생에 약간 불만'이었다. 인생을 어떻게 받아들이는지는 저마다 다르다. 자신에게 엄격한 사람과 관대한 사람이 있고, 득점은 그것에 따라 크게 좌우된다. 그렇기 때문에 단순히 득점이 높으면 좋고 낮으면 나쁜 것은 아니다.

인간의 만족은 순간으로 끝난다. 목표를 향해 노력하는 과정에서 느끼는 기대감과 가슴 벅차는 두근거림 또는 오싹한 기분을 당신도 알고 있을 것이다. 최선을 다한 결과, 만족스러운 성과를 얻었다고 치자. 그런 만족감에 취하는 것은 그날 하루로 족해야 한다. 다음 날부터 새로이 두근거리는 목표를 향해 달려야 하니까.

행복감은 수명을 9.4년이나 늘린다

1974년, M. 매틀린과 D. 스탱은 폴리아나 원칙이라는 긍정성 원칙을 제창했다. 폴리아나란 1913년 엘리너 포터가 쓴 소설 『폴리아나』의 주인공 폴리아나에서 유래했다. 이 소설에서 주인공 폴리아나는 주변 사람들에게 일어난 불행한 일을 철저히 긍정적으로 해석했다.

미국 일리노이 대학에서 교편을 잡은 심리학자 찰스 E. 오스굿 박사는 '글로 쓰인 말은 Negative(부정적 · 비관적 · 소극적)한 말보다 Positive(긍정적 · 낙천적 · 적극적)한 말이 더욱 큰 영향을 미친다'고 주장했다. 세상을 낙관적으로 해석할 것인가, 아니면 비관적으로 볼 것인가? 그것은 당신에게 달렸다.

수많은 심리학자의 연구를 통해 상황을 낙천적으로 해석하면 행복하게 살 수 있다는 사실이 판명되었다. 중장년층에 있어 행복감의 원천 중 하나는 건강이다. 50세 이상의 사람들에게 건강이 행복감을 준다는 것은 두말할 필요가 없다. 그것에 관해 미국 캔터키 대학의 연구팀은 180명의 수녀의 작문에서 긍정의 양을 측정하고 60년간 추적 조사를 했다. 긍정적인 작문을 쓴 수녀는 부정적인 작문을 쓴 수녀보다 평균 10년 더 장수했다.

미국 하버드 대학 졸업생을 35년간 추적한 결과에서도 낙관적인 사람일수록 우수한 건강 상태였다는 사실이 나타났다. 그 외에도 미국 일리노이 대학 심리학부 명예교수인 에드 디너 박사는 『Happy People Live Longer : Subjective Well-Being Contributes to Health and Longevity』라는 논문에서 다음 각 질문에 '예'라고 답한 사람과 '아니오'

2차 세계대전에 영국의 수상이었던 윈스턴 처칠은 90세까지 살았다. 긍정성이 강한 사람이 더욱 장수할 수 있다는 한 예다.

라고 답한 사람이 어느 정도 수명에 차이가 있는지 제시했다. 주목해야 할 점은 '행복하다는 것'이 평균 9.4년이나 수명을 늘린다는 조사 결과다.

● **질문 항목**

· 하루에 담배를 몇 개비 피웁니까?	−3년(20개비 이상/1일)
· 운동은 제대로 합니까?	+3년
· 술은 즐기는 정도로만 마십니까?	+2년
· 과음하시는군요!	−7년
· 당신은 행복합니까?	+9.4년

디너 박사는 인간 및 동물을 대상으로 한 160개 이상의 조사 연구를 분석하여 '행복감이 강하면 9.4년이나 장수한다'는 결과를 도출해 냈다.

● **장수뿐 아니라 만족스러운 인생이었다고 느끼고 싶다면…**

『ポジティブ心理学入門긍정심리학입문』에 따르면 하버드 대학의 조지 베일런트 박사는 75세가 되었을 때 신체적으로 건강하고 동시에 인생에 만족한 상태를 포지티브 에이징이라고 불렀다. 베일런트 박사는 다양한 연구에서 이 포지티브 에이징과 관련성이 매우 낮은 요인(이하의 **A**)과 관련성이 높은 요인(이하의 **B**)를 제시했다.

(A) 매우 관련성이 낮은 요인

· 선조의 수명

· 50세가 되었을 때 콜레스테롤 수치

· 부모의 사회적 계급

· 65세 이전 스트레스를 크게 주었던 인생의 사건

음주나 흡연보다 '행복하다고 생각하는지'의 여부가 실제 건강에 더 큰 영향을 준다.

(B) 관련성이 높은 요인

- **흡연자가 아닐 것(혹은 45세 이전에 담배를 끊을 것)**
- **알코올 중독 경험이 없을 것**
- **적정 체중을 유지할 것**
- **정기적으로 운동할 것**
- **오랫동안 교육을 받을 것**
- **안정된 결혼 생활을 유지할 것**
- **성숙한 방위 기능(건강을 지키는 숙달된 매커니즘)을 사용할 것**

(A)의 4가지 요인은 75세에 건강하기 위한 중요한 요소인데 인생에 만족한 상태인지 아닌지는 보장할 수 없다. 즉, **(A)**의 4 가지 요인을 만족하면 어떻게든 75세까지 건강하게 살 수 있고, **(B)**의 7가지 요인을 충족하면 비로소 '인생에 만족한 상태'가 되는 것이다. 당신은 어떤가? 당신이 현재 50세고 25년 후에 건강할 뿐 아니라 더할 나위 없는 인생이라고 느끼고 싶다면 **(B)**의 7가지 요소를 실행하도록 하자.

누구나 '건강+인생'에 만족한 사람이 되고 싶을 것이다. 그 조건은 절대로 어렵지 않다.

COLUMN 3

후회를 딛고 일어서 비약하라

탁구 선수 히라노 미우는 2016년 리우 올림픽에서 여자 단체 대표팀에 들어가지 못했다. 리우 올림픽에서는 랭킹이 네 번째였기에 여자 단체 대표팀에 들어가지 못한 것이다. 따라서 단체전 후보 선수가 되었고 출전의 꿈을 이루지 못했다. 시합을 지켜보는 것밖에 할 수 없는 굴욕감과 라이벌인 이토 미마 선수가 메달리스트가 된 것이 분함을 부채질했다. 그 일을 떠올리며 히라노 선수는 이렇게 말했다.

"살면서 가장 분했다. 현지에 갔는데 시합에 못 나가고 보기만 했으니까…."

그러나 히라노 선수는 그 뒤 급성장했다. 2017년 1월에 개최된 전 일본 선수권에서 일본 에이스인 이시카와 가스미 선수와 결승전에서 만나 사상 최연소로 바라 마지 않던 첫 제패를 이루었다. 그리고 6월 독일에서 열린 세계 탁구 선수권 여자 싱글에서 일본인 선수로서 1969년 뮌헨 대회 이후, 48년 만에 은메달을 땄다. 좋지 않은 일을 기폭제 삼아 복수를 하는 것. 그것이야말로 히라노 선수 같은 일류 운동선수가 하는 일이다.

실패를 딛고 다시 일어서는 기술

안 좋은 일은 새롭게 해석하여 다시 일어서자

좋지 않은 일이 일어났을 때 그 사건의 원인을 어떻게 해석하느냐에 따라 인간이 좌절하는 양상은 완전히 다르다. 불운을 해석하는 기술을 갈고닦는다면 회복탄력성을 높일 수 있다.

미국 텍사스 대학의 제럴드 메탈키스 박사는 시험에서 낮은 점수를 받은 학생을 대상으로 낙담이 어느 정도 지속되는지 조사했다. 그 결과, '내 노력이 부족했다', '나에게는 재능이 없다' 등 자기 탓을 하는 학생일수록 더 오래 낙담하는 것을 알 수 있었다. 반대로 '시험이 너무 어려웠다', '교수님이 일부러 어려운 문제를 냈다', '교실이 너무 더워서 집중할 수 없었다'처럼, 외부 상황의 탓으로 돌린 학생들은 낙담하는 시간이 짧았고 단기간에 기운을 회복했다.

즉, 좋지 않은 일을 겪었을 때 자신의 탓으로 돌리는 성실한 사람은 낙담하기 쉽고 좌절하기 쉬운 것이다. 반대로 환경 탓을 하면 기분을 쉽게 회복할 수 있다. 단순히 해석의 방법을 바꾸는 것만으로 다시 일어설 수 있는 것이다. 한편, '아니야. 내 노력을 탓하면 더 열심히 할 수 있다!'고 생각하는 유형의 사람도 있을 것이다. 그런 유형은 애초에 회복탄력성이 높은 사람이다.

● 스스로 '약하다'고 생각할 필요는 없다

나는 현재 7명의 프로 골퍼와 프로 테니스 선수의 멘탈 카운슬러다.

그들 중에도 성적이 잘 나오지 않을 때 클럽이나 라켓 탓으로 돌리는 선수가 있다. 그들은 항상 자신만만한 상태를 유지하고 싶기에 좋지 않은 성적을 자신의 탓으로 돌리고 싶지 않은 것이다.

물론 그들이 노력의 가치를 과소평가하는 것은 아니다. 그들도 맹렬한 연습을 거듭한다. 하지만 눈앞의 성적이 약간 나쁘다고 해서 그들은 '나에게 재능이 없었다', '연습이 부족했다'와 같은 이유로 도망치지 않는다. 그들은 '나는 약한 선수다'라는 이미지가 싫은 것이다. 이 유형의 선수는 장기적으로 점점 상승한다.

한편, 좀처럼 두각을 드러내지 못하는 선수 대부분은 성적이 좋지 못할 때 '나는 이 경기에 맞지 않아', '연습 부족이 원인이었다'고 자신을 탓하며 약한 소리를 한다. 이런 유형은 일단 슬럼프에 빠지면 빠져나오기 어렵다.

좋지 않은 일은 그 해석에 따라 낙담하지 않을 수 있다. 꼭 이 기술을 익히기 바란다.

아무리 노력해도 잘 되지 않을 때가 있다. 그럴 때 불필요하게 낙담하지 말고 피하자. '반성하지 않고 책임을 전가한다'는 낮은 수준의 이야기가 아니다.

원인 귀속 이론을 이해하라

역경을 극복하는 기술 중 하나는 일어난 일의 원인을 변경해 보는 것이다. 버나드 와이너 박사는 원인에 따른 귀속 결과가 동기 부여나 감정, 행동에 미치는 영향을 상세히 고찰했다. 통제의 위치(내적↔외적)와, 안정성(고정적↔변동적)이라는 두 가지 차원에서 성공 · 실패의 원인을 네 가지로 분류했다.

① 노력(내적 · 변동적 요인)
② 운(외적 · 변동적 요인)
③ 재능(내적 · 고정적 요인)
④ 과제의 어려움(외적 · 고정적 요인)

가령 잘 됐을 때 '노력(①)했기에 잘 됐다'고 생각하면 자신감이 지속될 것이다. 반대로 잘 되지 않았을 때는 '노력하면 잘 될 거야'라고 긍정적으로 생각할 수 있다(도표 5-1).

한편, '잘 된 것은 운(②)이 좋아서였다'고 생각해서는 안 된다. 외적인 요인으로 작용하는 운을 탓하는 사람은 노력을 게을리하기 때문이다. 이런 경우 일류가 되기 어려울 뿐더러 회복탄력성도 높이기 힘들다. 잘 되지 않았을 때도 '운이 나빠서'라고 생각할 수 있으며 노력을 기울이지 않게 될 가능성이 높다.

일이 잘 풀렸을 때 그 이유를 재능 때문(③)이라고 생각하는 사람은 어떨까? 자신감으로 이어질 수는 있지만 상대적으로 노력을 게을리할 수 있다. 이 유형은 일이 만약, 잘 되지 않으면 '나는 이 일에 역시 맞지 않아'라고 단적으로 생각해 어중간하게 내팽개쳐 버린다.

그 이유를 과제의 어려움(④)이라고 생각하는 사람은 잘 됐을 때 '과제가 너무 쉬웠다'고 생각한다. 이런 사람은 더욱 높은 목표를 향해 가므로 성장한다. 잘 되지 않았을 때는 '과제 수준이 너무 높았다'고 생각하며 노력으로 극복할 수 있다고 긍정적으로 생각할 수 있다.

도표 5-1 버나드 와이너의 귀인 이론

	내적 원인	외적 원인
변동적 요인	노력 ○	운 ×
고정적 요인	능력 ×	과제의 곤란함 ○

행동의 결과가 나왔을 때 그 원인을 '재능'이나 '운'이라는 요소에 귀결시키는 것이 아니라 '노력'과 '과제의 어려움'에 초점을 맞추는 것이 중요하다.

좋았던 일만 적는 성장 노트를 만들어라

일기를 써라. 단, 잘한 일, 좋았던 일만을 기록하는 일기를 써라. 나는 이것을 성장 노트라고 부른다. 이 성장 노트를 쓰면 불안과 불면을 의외로 쉽게 해소할 수 있다. 도표 5-2에 성장 노트의 예를 제시했다.

영국 글래스고 칼레도니언 대학의 엘렌 던컨 박사는 여대생 177명을 조사한 결과, 일기를 쓰는 사람일수록 불안과 불면의 경향이 두드러졌다는 사실을 밝혀냈다. 일기를 쓰는 사람의 66%는 과거의 일기를 버리지 않고 보존하고 있었고 88.7%가 일기를 다시 들춰 보았다. 이때 괴로운 기억이나 좋지 않은 사건을 떠올리게 되고 이로 인해 불안과 불면의 경향이 두드러진 것으로 보고 있다.

『1日5分「よい習慣」を無理なく身につけるできたことノート1일 5분, 좋은 습관을 기르는 노트』, 〈クロスメディア・パブリッシング〉를 쓴 나가야 겐이치는 이렇게 말했다.

"'잘 안 풀린 일'을 본다 한들 절망할 뿐입니다. 하지만 하루의 끝에 '잘한 일'을 되돌아보면 확실히 나 자신이 바뀝니다."

잘 풀린 일이나, 잘한 일을 일기로 쓰자. 그리고 가끔 읽어 보자. 역경이 찾아왔을 때 특히 효과적이다.

취침 전 15분을 활용해 그날 일어났던 좋은 일을 있는 그대로 기록해 보자. 날짜, 날씨, 기온 등의 항목을 기록한다. '좋지 않은 일도 일기에 써서 그 원인을 찾는 것도 중요'하다고 주장하는 사람도 있지만, 좋지 않은 일만 기록하다 보면 점점 기분이 어두워진다. 일기에 일어났던 일을 다음 네 개의 항목을 기록한다.

도표 5-2 성장 노트

출처: Duncan, E. & Sheffield, D. "Diary keeping and well-being." *Psychological Reports*, 103, 2008

날짜: 년 월 일 날씨: ____ 기온: ____ 도

① 좋았던 일을 가능한 한 구체적으로 써 보자.

---

② 그때의 감정이나 생각을 가능한 한 구체적으로 써 보자.

---

③ 좋은 일이 일어난 주요 원인을 가능한 한 구체적으로 써 보자.

---

④ 좋았던 일을 재현할 방법을 가능한 한 구체적으로 써 보자.

훗날, 자신의 일상에 일어난 좋은 일을 되돌아볼 때 날씨나 온도가 그날을 생생하게 떠올리는 힌트가 된다.

① 좋았던 일을 세 줄로 표현하자. 일어났던 좋은 일을 가능한 한 구체적으로 기록한다.

② 좋았던 일이 일어났을 때의 감정을 세 줄로 기록하자.

③ 왜 좋은 일이 일어났는지 그 이유를 세 줄로 써 보자. '우연히 일어났다'고 느껴져도 이유를 잘 생각해서 기록해 보자.

④ 좋은 일을 불러일으키기 위해서 어떻게 하면 좋은지 구체적으로 적어 보자. 좋은 일이 일어날 수 있게 하는 습관을 들이기 위해서다. 좋은 일뿐만 아니라 성과를 올리는 습관 또한 분명 존재한다. 이 일기의 가장 큰 목적은 이것을 깨닫는 일이다.

물론, 좋은 일이 일어나면 그것을 그대로 두는 것이 아니라 그것에서 배우고 다음 도약으로 연결시키는 것도 중요하다. 하지만 그것은 일기에 기록할만한 일은 아니다. 프로는 일이 잘 풀리지 않았다면 그 이유를 찾아야 한다. 하지만 어디까지나 그것은 일에 국한된 이야기다. 인생은 일로만 채워져 있는 것이 아니다.

주변에서 일어난 좋은 일, 잘된 일 등의 긍정적인 이벤트를 확실한 형태로 남겨 두면 역경이 닥쳐왔을 때 그 기록을 다시 읽는 것만으로도 힘을 회복할 수 있다. 인생에서 좋았던 일을 기억하려는 노력은 회복탄력성을 키워준다.

좋은 일만 적힌 노트는 다시 읽어볼 때 힘이 된다.

발동 인자와 통로 인자를 겸비하라

미국 카네기 멜런 대학의 심리학자 마이클 샤이어 박사와 마이애미 대학의 찰스 카버 박사는 기질적 낙관에 관해 연구했다. 그들은 '인간은 난관에 직면해도 자신이 정한 목표를 달성하리라고 믿는가?'라고 질문하고 그렇다고 대답한 사람을 '낙관주의자', 아니라고 답한 사람은 '비관주의자'라고 정의했다. 또, 캔자스 대학의 심리학자 릭 스나이더 박사는 낙관주의자에게는 아래 두 가지의 요소가 존재한다고 주장했다.

① 발동 인자(자신의 목표를 달성하기 위해 열심히 노력한다.)
② 통로 인자(어떤 문제라도 다양한 해결 방법이 있다고 생각한다.)

여론 조사 단체인 미국의 갤럽에서 진행한 조사에서 '당신은 매일 최선을 다하고 있는가?'라는 질문에 '예'라고 대답한 사람의 비율은 단 20%였다. 그 20%의 공통점은 '현재 하고 있는 일을 마음 깊이 좋아하는 사람들'이었다. 그들은 전형적인 낙관주의자다.

발동 인자만으로는 돌발 상황에 대처할 수 없다. 장애를 돌파할 대책을 마련할 수 있는 통로 인자가 계속적인 노력을 가능하게 한다.

낙천적인 해석의 고수가 되라

좋지 않은 일에 맞닥뜨렸을 때 실망하거나 낙담할 것인지, 아니면 평정심을 유지할지는 그 상황의 원인을 어떻게 해석하느냐에 달려 있다. 이때 효과적인 기술은 낙천적인 해석에 있다. 이 기술이 당신을 비관주의자에서 낙관주의자로 만들어줄 수 있다. 비관적인 사고방식을 극복하려면 평소부터 부단히 연습해야 한다. 그렇다면 실천해 보자.

● 예제

회사 복도에서 동료와 만났을 때 당신이 인사를 했는데도 동료가 인사 하지 않았다.

● 비관적인 사람의 대답

· 그는 내가 싫은 모양이다.
· 나는 미움받아 마땅하다.
· 나는 성과를 내지 못하는 평균 이하의 인간이다.
· 회사 상황이 나빠지면 나는 가장 먼저 정리해고 대상이 될지도 모른다.
· 좀 더 머리가 좋았다면 이런 일은 안 일어났을 텐데.
· 내 미래는 암흑이다!

● **낙관적인 사람의 대답**

· **그는 서두르고 있었다.**

· **그는 생각에 잠겨 있었다.**

온화한 해석은 회복탄력성을 확실히 높여 준다. 이 해석이 올바른지, 올바르지 않은지는 중요하지 않다. 좋지 않은 일이 일어났을 때 평소에 낙천적으로 해석하는 훈련은 당신이 역경을 극복할 수 있게 만들어 줄 것이다.

실패를 일시적이고 특정적인 것이라고 생각하라

좌절하지 않는 사람은 비관적 상황을 잘 설명하는 경향을 보인다. 유명한 심리학자 마틴 셀리그먼 박사는 자신의 책 『オプティミストはなぜ成功するか옵티미스트는 왜 성공하는가』, 〈講談社〉에서 이렇게 주장했다.

"나는 낙관주의자(옵티미스트)와 비관주의자(페시미스트)에 관한 연구를 25년간 이어왔다. 페시미스트의 특징은 나쁜 상황은 지속되고 자신이 무엇을 해도 잘 되지 않을 것이며 그것은 자기가 나쁘기 때문이라고 믿는다.

옵티미스트는 정반대의 견해를 보인다. 패배는 일시적이고 그 원인도 그 경우뿐이라고 생각한다. 패배는 자신의 탓이 아니며 그때의 상황, 불운, 혹은 다른 사람들에 의한 것이라고 믿는다. 옵티미스트는 패배해도 부러지지 않는다. 이것을 단순히 시련이라고 생각하고 더욱 노력한다."

셀리그먼 박사는 낙관주의자들의 상황 설명 방식을 영속성, 보편성, 개인도, 이 세 가지 특성으로 들었다.

영속성은 그 상황이 얼마나 지속될까 하는 시간적 척도다. 낙관주의자는 좋지 않은 상황은 일시적이라고 생각한다. 비관주의자는 상황이 언제까지나 이어질 것이라고 생각하는 경향이 있다. 가령 업무로 상사에게 혼났을 때 '내 상사와는 안 맞아'라고 생각하는 것이 비관주의자이다. 한편, 낙관주의자는 '오늘은 상사의 심기가 불편했을 뿐'이라고 생각한다.

보편성은 그 이유를 특정적으로 생각할 것인지, 전반적으로 생각할 것인지에 관한 것이다. 야구부원 A가 선발에서 제외되었을 때, 그가 '감독들은 모두 불공평해'라고 생각했다면 A는 비관주의적 성향이 강한 사람이다. 반면, '우리 팀 감독은 불공평해'라고 생각했다면 낙관주의자가 될 수 있는 성향이 있는 것이다.

개인도는 책임의 소재가 자신에게 있다고 해석하는지, 외부 상황에 있다고 해석하는지를 의미한다. 좋지 않은 상황에 처했을 때 자신의 탓

역경을 마주했을 때 '내가 이 일의 원인이 아니다'라고 생각할 수 있다면 필요 이상으로 무너질 일은 없다.

을 하는 경우에 더욱 낙담하기 쉽다. 낙관주의자는 자신이 아닌 외부의 탓으로 돌린다. 예를 들어, 테니스 경기에서 졌을 때 '나는 왜 이렇게 못하지'라고 하기보다 '나는 열심히 했지만 상대가 강했다'고 해석하는 것이 낙관주의자들의 태도에 가깝다.

이 세 가지 요소를 이해하고 상황을 바람직하게 해석한다면 누구라도 낙관주의자가 될 수 있다.

● 자신의 상황을 설명하는 유형을 테스트하자.

( ) 안에 A나 B를 적어 넣는다.

문제1 영속성에 관한 문제

친한 친구에게 '전화해 줘'라는 메시지를 남겼는데 좀처럼 전화가 오지 않는다.

① 낙관주의자는 ( )라고 생각한다.
② 비관주의자는 ( )라고 생각한다.

A 얘가 나를 무시하는구나.
B 친구가 지금 바쁘구나.

문제2 보편성에 관한 문제

아내와 용돈 액수로 싸우고 말았다.

① 낙관주의자는 ( )라고 생각한다.
② 비관주의자는 ( )라고 생각한다.

A 아내는 이런 문제만큼은 내 주장에 반대한다.

B 아내는 사사건건 내 주장에 반대한다.

문제3 개인도에 관한 문제

이번 달 영업 성적이 좋지 않다.

① 낙관주의자는 (　)라고 생각한다.

② 비관주의자는 (　)라고 생각한다.

A 아무래도 나는 영업에 맞지 않는 것 같다.

B 불경기가 영업에도 악영향을 미치는구나.

문제의 답은 그다지 복잡하지 않다.(답은 132쪽). 세 문제 모두 좋지 않은 상황에 관한 문제인데 좋은 상황에서는 정답이 정반대가 된다.

이상에서 말한 3가지 요소를 고려하여 자신이 처한 상황을 바람직하게 설명할 수 있다면 당신도 특출난 긍정성을 손에 넣을 수 있을 것이다.

프로 골퍼의 ABC 일기를 활용하라

ABC 이론은 미국의 심리학자인 앨버트 엘리스 박사가 고안했고 다음 세 가지 요소로 구성되어 있다.

A : Adversity(곤란한 상황)
B : Belief(해석)
C : Consequence(결과)

5-6에서 언급한 세 요소, '영속성', '보편성', '개인도'를 이용하여 곤란한 상황(A)을 잘 해석(B)하면 결과(C)는 자연스럽게 좋은 방향으로 움직일 수 있다.

그 예로 '마트 주차장이 만차여서 빈자리를 기다리고 있었는데 나중에 온 차가 그 자리를 가로챘다'(A=곤란한 상황)고 하자. 당신이 '저 운전자는 이기적이다'(B=해석)라고 생각한다면 화는 좀처럼 가라앉지 않는다. 그 결과, '그 운전자에게 고함을 지르게 되어'(C=결과) 싸움이 날지도 모른다.

이럴 때는 영속성의 설명 유형을 이용해 일시적인 상황일 것임을 상기하며 '저 운전자는 지금 서둘러 장을 봐야만 하는 상황일 거야'(B=해석)라고 생각하는 것이다. 그렇게 하면 화를 억누를 수 있다. '그 운전자와 싸움이 일어나는 일'은 없다(C=결과).

● 'ABC 일기'를 써라

ABC 일기에서는 좋지 않은 일뿐 아니라 좋은 일도 그것을 어떻게 해석했고 그 결과 어떻게 되었는지 기록한다. 적어도 하루에 5건 이상 기록하길 추천한다. ABC 이론을 이용해 상황을 바람직하게 해석하는 연습으로 기분을 바꿀 수 있다.

일기를 쓴 지 열흘 정도 되면 바람직한 해석만 하게 되는 자신을 발견할 것이다. 감정도 안정되고 주변에서 좋은 일이 일어나기 시작한다. 일뿐 아니라 다이어트를 성공했을 때나 금연, 금주에 도전할 때와 같은 경우도 마찬가지다. ABC 이론을 마스터하면 그 응용편으로써 ABCDE 이론에 도전해 보자. 앞서 말한 ABC 이론에 D와 E를 포함시킨 것이다.

일이 좋지 않은 결과로 끝났을 때 대부분은 B의 해석에 문제가 생긴다. 그래서 추가된 D는 'Disputation(반론)'이며 E는 'Energization(용기부여)'다. 자신의 틀린 해석(B)를 반론(D)로 수정하고 마지막으로 자신에게 용기를 부여(E)함으로써 마무리하자. 아래에 예제를 제시하겠다.

ABCDE 이론의 예제

● 곤란한 상황(A)

다이어트 중인데도 저녁에 스테이크를 많이 먹는 바람에 정해진 칼로리를 초과해 버렸다.

● 해석(B)

하루 정도 많이 먹어도 괜찮다.

● 결과(C)

자기 전에 체중을 재니 1kg이나 늘었다.

결과(C)는 명백히 좋지 않다. 이 경우 해석(B)에 문제가 있다. 이 점을 감안하여 D와 E를 기록하자.

- **반론(D)**

'하루 정도'라는 방심은 다이어트를 좌절시킨다. 내일부터는 목표 체중을 실현하기까지 방심하지 말고 제한된 칼로리를 지키려고 노력하자.

- **용기 부여(E)**

정해진 칼로리보다 적게 먹으면 목표 체중을 이번 달 말까지 실현할 수 있다!

이처럼 자신에게 용기를 부여하는 메시지로 마무리하는 것이다. 당신 마음속에 긍정성을 강화함으로써 좋지 않은 상황이 호전된다.

도표 5-3 ABC 일기

ABC 일기

날짜: 202 년 월 일 날씨:______ 기온:______ 도

1. 곤란한 상황을 구체적으로 기록하자.

______

______

2. 그 상황의 바람직한 해석을 구체적으로 기록하자.

______

______

3. 그 해석의 결과에 대해 구체적으로 기록하자.

______

______

기록의 예

ABC 일기

날짜: 2016 년 10월 17일 날씨:______ 기온: 21 도

1. 곤란한 상황을 구체적으로 기록하자.

내일의 프레젠테이션 자료를 아직 완성하지 못했다.

2. 상황의 바람직한 해석을 구체적으로 기록하자.

오늘 19시까지 자료 작성에 전력투구하여 내일 프레젠테이션에 최선을 다하자.

3. 그 해석의 결과에 대해 구체적으로 기록하자.

무사히 프레젠테이션을 마쳤다. 출석한 직원들도 내 설명에 고개를 끄덕여 주었다.

ABC 일기를 계속 쓰면 평소에도 긍정적이고 바람직한 해석을 하는 버릇이 생긴다.

COLUMN 4

'인간사 새옹지마'

이치로 선수는 고등학생 시절 교통사고를 당해 빠른 공은 던질 수 없게 되었다. 고등학교 2학년 봄, 자전거를 타고 등교하던 중 자동차에 들이받혀 오른쪽 종아리에 부상을 입었고 한 달 반이나 목발을 짚고 다녀야 했다.

당시 나카무라 다케시 감독은 그의 배팅 기술이 뛰어나다는 것을 알고 있었고 그를 투수에서 야수로 전환했다. 만약 이치로 선수가 고등학교 3학년 때까지 투수였다면 오릭스의 스카우트는 그를 선발로 지명하지 않았을 것이다. 당시 위기를 떠올리며 그는 이렇게 말했다.

"교통사고만 없었다면 분명 투수를 목표로 했을 겁니다. 하지만 교통사고 때문에 빠른 공을 던질 수 없게 되었죠. 결과적으로 타자로서 프로를 목표로 삼게 된 계기가 이 사고 덕분이었던 거죠."

좋은 일이 일어났을 때는 너무 들뜨지 말고 마음을 가다듬자. 좋지 않은 일이 일어났을 때도 마찬가지다. 잊지 말자. 무슨 일이든 '인간사 새옹지마'인 것이다.

126쪽 문제정답

문제1 ①B ②A 문제2 ①A ②B 문제3 ①B ②A

역경 속에서도 의욕을 높이는 기술

4계통의 동기 부여를 이해하라

① 긴장계 동기 부여

기한을 설정하거나 압박감이 느껴지는 일을 할 때 발생하는 동기다.

② 희망계 동기 부여

꿈이나 희망을 향해 매진할 때 발휘되는 동기다.

③ 지론계 동기 부여

'자신의 방식으로 하고 싶다'는 동기다.

④ 관계계 동기 부여

협동하여 무언가를 이뤘을 때 발휘되는 동기다.

이들 중에서도 ①긴장계 동기 부여와 ②희망계 동기 부여는 대조적이다. 역경을 이길 때 적합한 동기는 저마다 다르다. 당신이 진심을 다하게 만드는 최강의 동기는 무엇인가? 우선 그것을 발견하는 작업부터 시작해 보자. 그것이 역경을 극복하는 커다란 무기가 될 것이다.

목표를 하거나 원대한 꿈을 그리는 행동은 희망계 동기 부여의 전형적인 예지만, 자발적인 희망계라면 자칫 행동력이 수반되지 않을 수 있다. 하지만 그것에 기한과 위기감을 더하면 행동력을 가속화 할 수 있다. 이것은 긴장계 동기 부여의 개념으로 목표 달성 기한을 반드시 설정하려고 애쓰자. 여러 동기 부여를 조합하면 동기는 더욱 강력해질 수 있기 때문이다.

동기를 여러 개로 조합하면 더욱 강력한 동기가 된다. 지론계 동기 부여와 관계계 동기 부여를 조합할 수 있다면 더욱 좋다.

언더마이닝 효과에 주의하라

언더마인(undermine)은 '기반을 약화시키다'라는 뜻이다. 언더마이닝 효과는 공부나 자원봉사와 같은 무보수 활동에 외적인 보수가 부여되면 오히려 동기가 저하되는 현상을 말한다.

미국 스탠퍼드 대학의 마크 레퍼 박사는 어린이집에 다니는 아이들을 대상으로 다음과 같은 실험을 했다. 아이들은 세 개의 그룹(그룹 A~C)으로 나뉘었다. 그룹 A는 '그림을 그리면 상장을 준다'고 미리 알려 주고, 실제로 상장을 주었다. 그룹 B는 미리 상장을 준다는 사실은 알리지 않고, 그림을 다 그리자 상장을 주었다. 그룹 C는 딱히 아무런 말도 하지 않았고, 그림을 그린 후 아무것도 주지 않았다.

그 이후 일주일 동안 어린이들이 그림에 어떤 의욕을 보이는지 관찰했다. 그 결과, 그룹 B와 그룹 C는 아무 변함 없이 같은 모습으로 그림을 열심히 그렸지만, 그룹 A의 어린이들은 자발적으로 그림을 그리는 어린이의 수가 뚜렷이 감소했다. 즉, 상장이라는 외적 동기 부여로 인해 정작 중요한 내적 동기 부여가 저하된 것이다.

우리는 역경에 처했을 때 유능감이 있거나 보람이 있다면 눈앞의 작업에 몰두할 수 있다. 그러나 금전적 보수나 직책 보수에 움직일 경우, 그 작업이 잘 안 되면 심각한 좌절감에 휩싸이기도 한다.

'그림을 그리면 상장을 준다'고 미리 알렸다.

일주일 후, 자진해서 그림을 그리는 아이가 감소

그룹 B

아무 말도 하지 않고 그림을 그리자 상장을 주었다.

그림을 그리는 아이의 수에 변함 없음

그룹 C

아무 말도 하지 않고 아무것도 주지 않았다.

그림을 그리는 아이의 수에 변함 없음

보상은 역효과가 될 수도 있다!!

'돈만으로 움직이지 않는' 사람도 있다. 그런 사람이 '무엇을 동기로 삼는가'를 파악할 필요가 있다.

작업 능률 개선 용지로 동기를 부여하자

일상생활을 점검하면 '의욕이 넘쳐서 자발적으로 하는 일'보다는 '하기 싫지만 해야 하는 일'이 훨씬 많다는 사실을 알 수 있다. 특히 업무나 공부는 '하기 싫지만 해야 하는' 작업이라고 느끼기 쉽다. 학생이라면 영단어나 연호 암기가, 직장인이라면 단순한 복사 작업, 경비 정산 등이 전형적인 예일 것이다. 이런 작업을 고통이라고 생각할지, 아니면 즐기기로 생각할지에 따라 성과는 완전히 달라진다.

다마가와 대학의 연구에서 의욕을 관장하는 대뇌의 변연계나 그 기저핵은 자발적인 동기 부여로 활성화되지만 금전적인 보수를 대가로 받는 작업에서는 좀처럼 활성화되지 않는다는 사실이 밝혀졌다. '하기 싫지만 해야 하는 작업'이 즐겁지 않은 원인이 바로 이때문이다.

그래서 이런 일을 할 때는 속도(시간)와 완성도에 목표를 설정하여 작업하기를 추천한다. 도표 6-1에 작업 능력 개선 용지를 소개한다. 속도(시간)는 10점 만점으로 예정 시간 안에 완료하면 5점(최고점은 10점)을, 예정 시간보다 빨리 끝나면 5점에 점수를 더한다. 늦으면 감점이다. 완성도 또한 10점 만점으로 기록하자.

각각 업무 내용의 평균점이 그날 당신의 득점이다. 만점은 20점이다. 이런 작은 노력이 동기를 강하게 하고 지루한 작업을 즐겁게 만들어 줄 것이다.

도표 6-1 작업 능력 개선 용지

____년____월____일

	업무 내용	속도	완성도	총점
①	______	______점	______점	______
②	______	______점	______점	______
③	______	______점	______점	______
④	______	______점	______점	______
⑤	______	______점	______점	______

각 총점의 평균점(20점 만점)______점

속도: 10점 만점, 완성도: 10점 만점

작업 능력 개선 용지를 사용하면 단순 작업을 게임처럼 할 수 있다.

뇌는 돈으로 움직이기 힘들다. 얼마나 즐겁게 하는가가 작업 능률 개선의 포인트다.

불안을 해소하는 다섯 가지 구체적인 방법

미국 하버드 대학에 다니엘 웨그너 박사의 실험 중 백곰 억제 효과가 있다. '백곰에 관해 생각하지 말라'고 지시하면 피험자는 백곰에 대해서 생각하지 않으려고 하지만, 그들의 뇌리에 점점 백곰의 이미지가 떠오르고 잊기는커녕 잊을 수 없게 된다.

우뇌는 이미지의 기억을 관장하고 부정형을 이해하지 못한다. 즉, '백곰에 관해 생각하지 말라'는 지시는 백곰의 이미지를 오히려 강렬하게 각인시킨다. 이 사례는 스포츠에서도 찾아볼 수 있다.

예를 들어, 메이저리그에서 투수가 만루의 위기에 빠진다. 다음 타자는 상대 팀에서 가장 강한 타자다. 코치가 마운드에 달려와 투수에게 다음과 같은 조언을 했다.

"이 타자는 바깥 높은 공을 잘 치니까 거기엔 절대로 던지지 마!"

그 후 투수가 던진 공은 코치가 '거긴 절대로 던지지 마!'라고 조언했던 바깥 높은 곳으로 날아가 버리고 만다. 타자가 있는 힘껏 휘두른 방망이에 맞은 공은 센터 백스크린으로 날아갔다.

코치의 '바깥 높은 곳에는 절대 던지지 마!'라는 조언 때문에 투수가 '자신이 던진 공이 포수가 있는 바깥 높은 지점의 글러브에 쏙 들어가는 장면'을 선명히 상상해 버렸다. 그로 인해 상대방 타자는 바깥 높은 지점으로 날아오는 공을 훌륭하게 쳐낸 것이다.

만약 당신이 '내일 있을 프레젠테이션에서 실패한다면…' 이라는 부정적인 생각을 하면 현실이 될 가능성이 커진다. 걱정할수록 마음속 불안이 오히려 커지는 것이다. 웨그너 박사는 불안을 해소하는 구체적인

'자야지' 하고 생각하면 오히려 눈빛이 초롱초롱해지면서 잠이 달아난 경험이 있을 것이다. 무언가를 하면 안 된다고 생각할수록, 그것을 생각해 버리고 마는 것이 인간이다.

방법을 다음과 같이 제시했다.

① 생각하기를 그만두고 행동한다

행동하면 신경이 분산되어 불안이 해소된다.

② 불안을 미룬다

'세 시간 후에 이 불안을 생각하자'는 식으로 일단 미룬다. 그러면 신기하게도 그 불안은 희미해진다.

③ 부정적 사고와 정면 대결한다

심리 요법 중 하나인 폭로법(꺼려지는 일에 굳이 도전해 보는 방법)은 불안의 내성을 강하게 만들어 준다.

④ 명상한다

마음챙김 기법을 이용한 명상은 마음이 흔들리지 않도록 도와준다.

⑤ 불안을 충실히 기록한다

불안을 일기에 기록하여 그 정체를 구체적으로 밝힌다. 물론 그 해결책도 기록한다.

이 다섯 가지 구체적인 방법 중 자신에게 맞는 방법을 실행한다면 당신이 안고 있는 불안은 놀랍도록 줄어들 것이다.

미시간 대학 사회조사연구소(ISRTUM)의 연구에서 실제로 직장을 잃는 것보다 '직장을 잃을 지도 모른다'는 불안이 흡연이나 고혈압보다 건강에 악영향을 끼친다고 주장했다. 불안에 잡아먹히는 것은 위험하다.

퍼포즈풀 액션을 가슴에 새겨라

일본에서 동기 부여 이론의 권위자인 가나이 도시히로 박사는 『危機の時代の「やる気」学 위기의 시대에 말하는 의욕학』〈SBクリエイティブ〉에서 이렇게 말했다.

"뛰어난 경영자나 경영 간부가 갖고 있는 인내심은 동기 부여 만으로 설명할 수 없다. 그 인내심이 주목받고 있다. 회복탄력성과 함께 강력한 의사 결정 능력을 갖추면 힘을 발휘해야 할 때 행동하게 될 뿐만 아니라 삶도 장기적으로 달라진다. 그 사람이 활약하는 회사에 커다란 족적을 남길 것이다."

의욕이 있어도 행동할 의사가 없는 사람은 결국 회복탄력성이 부족한 사람이다. 이런 사람은 작은 어려움에도 행동하기를 멈춘다.

2000년부터 2005년에 걸쳐 NHK에서 「프로젝트X(プロジェクトX)」라는 프로그램이 방영되었다. 이 프로그램에서 다루는 프로젝트에 반드시 위기가 닥쳐오는데 등장인물들은 행동력으로 그 위기를 탈출한다.

역경이 닥쳐오면 과거 자신의 인생에서 일어났던 위기 장면을 떠올려 보자. 그리고 그 위기에서 탈출한 순간을 생생하게 머릿속으로 그려 보자. 역경을 뛰어넘는 사람들의 공통적인 심리학적 자질은 의사 결정 능력이다. 이 능력이 있다면 '역경을 어떻게든 극복해 보이겠어. 일단 행동해야 해!'라고 각오를 다지고 과감하게 행동에 나설 수 있다.

출처: 『逆境を愛する男たち, 역경을 사랑한 남자들』, 〈新潮社〉
마쓰나가 야스자에몬은 투옥, 투병, 한량 모두를 경험했다.

Just do it! Never give up!

어떤 위기라도 끈기 있게 계속 행동한다면 예측할 수 없는 바람직한 상황이 반드시 생겨나기 마련이다. 위기 상황에서도 곰곰이 생각하여 상황에 맞는 최선의 방법으로 행동하자. 결과가 좋지 않다면 피드백하고 새로운 행동 계획을 짠 후 과감히 재도전하자.

● 만나면 '바쁘다'는 말을 입에 달고 사는 사람이 많은데…

바쁜 척만 하고 좀처럼 행동으로 옮기지 않는 사람이 있다. 런던 비즈니스 스쿨 교수였던 수만트라 고샬 박사는 이런 사람의 행동을 '액티브 논액션(active non action, 바쁜 척하지만 행동하지 않는 것)'이라고 명명했다.

이런 유형의 사람은 '바쁘다'는 말을 입버릇처럼 달고 살지만 행동하지 않아 성과가 나지 않는다. 역경으로부터 도망치고 도전과는 거리가 먼, 쉬운 일을 좋아할 가능성이 또한 크다. 수만트라 고샬 박사는 액티브 논액션의 대극점에 있는 자세를 '퍼포즈 액션(purposive action, 목적의식을 갖고 행동하는 것)'이라고 명명했다.

퍼포즈 액션이 가능한 사람은 행동의 목적을 확실히 하고 끈기 있게 집중한다. 그 과정에서 실패하면 루트를 변경해 행동하고 최종적으로는 정상에 우뚝 선다. 참고로 이 유형의 사람은 행동하기 전부터 머릿속에 이미 목표를 그리고 있다.

무슨 일이든 목적의식을 지닌 채 행동하면 어떤 역경이 덮쳐 오더라도 뛰어넘을 수 있고 회복탄력성도 꾸준히 좋아진다.

일을 잘하는 사람은 '바쁘다'고 하지 않는다. 바쁘다고 말할 시간이 있으면 바로 그 일에 착수하기 때문이다.

하지 않은 일을 후회하지 말라

동기를 부여하기 위해 행동하는 것보다 좋은 방법은 없다. 행동해서 잘 되지 않았을 때, 건설적인 사람은 그 행동에서 비약의 힌트를 찾아 새로운 계획을 세우고 재도전한다. 아무리 실패해도 동기를 부여해서 도전을 이어가는 사람은 최종적으로 성공에 도달한다. 머뭇거리며 후회할 시간 따위는 없다.

일리노이 대학의 닐 리즈 박사는 '행동해서 하는 후회'보다 '행동하지 않아서 하는 후회'가, 후회의 정도로 볼 때 훨씬 크며 기간도 오래 간다는 것을 밝혀냈다. 용기를 내어 행동에 옮겨 보자. 그 결과가 나쁘더라도 행동하지 않았을 때 보다 고민하는 일이 적어질 것이다.

미국 플로리다주에 있는 에디슨 커뮤니티 칼리지의 마이클 포다이스 박사가 제창한 '행복 프로그램'을 소개한다. 그는 2주간 15~50세의 사람들에게 다음 아홉 가지 실험을 실시했고 그 결과 참가자 90퍼센트의 불안감이 감소했다.

① 다른 사람과 이야기하기

② 사교적인 사람이 되기

③ 행동파가 되기

④ 기대치를 높게 잡지 않기

⑤ 낙관적인 사람이 되기

⑥ 계획적인 사람이 되기

⑦ 걱정 그만하기

⑧ 현실 지향적인 사람이 되기

⑨ 자신을 중요시하기

네덜란드에서 1만 5000명을 대상으로 한 스트레스를 발산하는 구체적인 방법 목록을 도표 6-2에 소개하겠다. 마음에 드는 행동을 일상생활에 적용하면 어떤 일에든 동기를 부여할 수 있을 것이다.

도표 6-2 네덜란드 회사원의 스트레스를 발산하는 방법

스트레스 관리하는 법 TOP10	
1위	대화하기
2위	운동하기
3위	일의 양을 줄이기
4위	산책하기
5위	일 이외의 취미 갖기
6위	가드닝, 음악 감상
7위	해야 할 일을 제한하기
8위	잠자기
9위	회사를 그만두기
10위	새로운 일의 계획을 짜기

다른 사람과 대화하는 것은 무척 효과적인 스트레스 해소법이다.

COLUMN 5

위기를 두려워하지 말고 과감히 행동하자

나는 곧 일흔이 된다. 솔직히 말해 지금까지 내 인생을 완전 연소했다는 것에 보람을 느낀다. 대학을 졸업하고 47년이 지났다. 기쁨보다는 고생과 역경을 더 많이 경험한 결과, 60세가 되어서야 겨우 만족할 수 있는 환경을 마련할 수 있었다.

꽤 오래 되었지만, '해 버려 NISSAN'이라는 닛산자동차의 TV 광고에서 야자와 에이키치(矢沢永吉) 씨가 한 말을 나는 매우 좋아한다.

"두 종류의 인간이 있다. 하고 싶은 일을 해 버리는 사람과 하지 않는 사람. 하고 싶은 걸 해 온 나의 인생. 덕분에 힘들 때도 있었다. 부끄러운 일도 많았다. 누군가가 하는 말을 순순히 들었다면 지금보다 훨씬 편했을지도 모른다. 하지만 이건 말할 수 있다. 하고 싶은 일을 해 버리는 인생이 틀림없이 더 재미있다고. 나는 앞으로도 해 버릴 거야. 당신은 어떻게 할 것인가?"

역경을 극복하는 유일한 방법은 위기를 두려워하지 않고 과감히 도전하는 것이다. 도전 자체에는 정답도, 오답도 없다. 도전하는 행동, 그 모든 것이 정답이다.

제7장

절망에 잠식당하지 않는 기술

세 개의 C로 낙관주의자가 되자

미국 뉴욕시립 대학의 심리학자인 수잔 코바사 박사는 스트레스가 큰 상황에서도 병에 걸리지 않는 성향을 강인성(Hardiness)이라고 부른다. 이 말은 회복탄력성 그 자체다. 코바사 박사는 강인성을 세 가지 요소를 들어 설명했다. 3C인, Commitment(관계하다), Control(제어하다), Challenge(도전하다)이다.

'자격 시험에 떨어졌다'는 좌절과 맞닥뜨렸을 때 상대적으로 강인하지 못한 사람은 그것을 잊으려 한다. 관계되는(Commitment)것을 피하는 것이다. 하지만 문제는 해결되지 않는다. 강인한 사람은 용기를 내 '왜 나는 자격 시험에 실패했는가?'에 관해 적기 시작한다. 이것이 제어(Control)이다.

강인성이 낮은 사람은 회피 성향으로 인해 해결책을 찾을 수 없을 뿐 아니라 실의에 빠져 절망한다. 나는 '곤란할 때야말로 최선을 다할 기회'라는 말을 아주 좋아하는데 강인성이 높은 사람이야말로 해결책을 생각하며 도전(Challenge)한다.

● 무리하지 말고 목표를 재설정하는 것도 효과적인 방법이다

'실망'하는 것은 반드시 나쁜 일만은 아니다. 캐나다 콩코디아 대학의 카스텐 로쉬 박사는 우울증과 목표 설정의 관계성을 주제로 한 '목표 설정의 허용도'에 관해 조사했다. 97명의 젊은이를 대상으로 실험한 결과, 흥미로운 점을 발견했다. 가벼운 우울증을 보이는 부정적인 성향의 사람이 새로운 목표를 잘 설정한다는 것이다.

인간이라면 누구나 낙담한다. 그렇다면 행동을 일단 멈추고 실현 가능한 목표로 다시 쓸 기회가 주어졌다고 생각하자. 역경을 돌파하기 위해 유연하게 사고하는 것이 중요하다.

● 부자라고 반드시 행복한 것은 아니다

경제적으로 풍요로운 사람들은 스트레스가 없을 것이라고 대부분의 사람들이 오해한다. 부자들은 돈을 벌어도 '더 벌어야지'라는 생각으로 더욱 애쓴다. 그건 그것대로 좋지만, 돈을 벌어도 마음은 편해지지 않는다. 이러한 사람의 결정적인 결점은 부나 권력을 한없이 추구한다는 점이다. 그래서는 행복해지기 어렵다.

맛있는 음식을 만들고 싶다면 간이 적당해야 한다. 반신욕을 할 때도 그렇다. 당신이 가장 기분 좋은 온도가 있을 것이다. 너무 뜨거워도 안 되고 너무 미지근해도 안 된다.

'조하리의 창'에서 열린 창을 넓혀라

조하리의 창(도표 7-1)은 1955년 미국 샌프란시스코주립 대학의 두 심리학자 조셉 루프트와 해리 잉햄이 발표했다. 이 이론은 네 개의 창인 '열린 창', '보이지 않는 창', '숨겨진 창', '암흑의 창'이 존재하며, 두 사람의 이름을 조합하여 조하리의 창이라고 부른다.

조하리의 창은 당신이 본 당신, 타인이 본 당신의 관점으로 '알고 있다', '모르고 있다'와 같은 두 가지 인자로 분류한 심리학 모델이다. 각각의 의미는 다음과 같다.

A 열린 창 … 나도 알고, 남도 아는 나 자신의 모습
B 보이지 않는 창 … 남은 아는데, 나는 몰랐던 나 자신의 모습
C 숨겨진 창 … 남은 모르고, 나만 알고 있는 나 자신의 모습
D 암흑의 창 … 남도 모르고, 나도 모르는 나 자신의 모습

조하리의 창은 커뮤니케이션 상황에서 자신이 모습을 어느 정도 타인에게 드러내고 숨기는지를 나타낸다. 원활한 커뮤니케이션 방법을 찾기 위해 고안된 방식이다. 자신의 성격을 4개의 창으로 분류하고 그것을 이해한다면 자기 성장으로 이어질 수 있다. 주관적, 객관적 관점으로 자신의 성격을 파악하고 비교할 수 있기에 적합한 커뮤니케이션 방법을 분석할 수 있다. 이 방법은 기업이나 학교에서도 두루 활용되고 있다.

인간관계에 스트레스를 느끼는 사람은 다음을 통해 알 수 있듯이

B나 C의 영역이 큰 유형이다. A가 큰 유형은 역경에 강한 사람이므로 A의 영역을 가능한 한 키우도록 노력하자. 그러려면 자신을 굳이 열어서 보여 줄 수 있어야 한다. 그렇게 된다면 인간관계의 스트레스는 놀라우리만치 가벼워질 것이다.

도표 7-1 조하리의 창

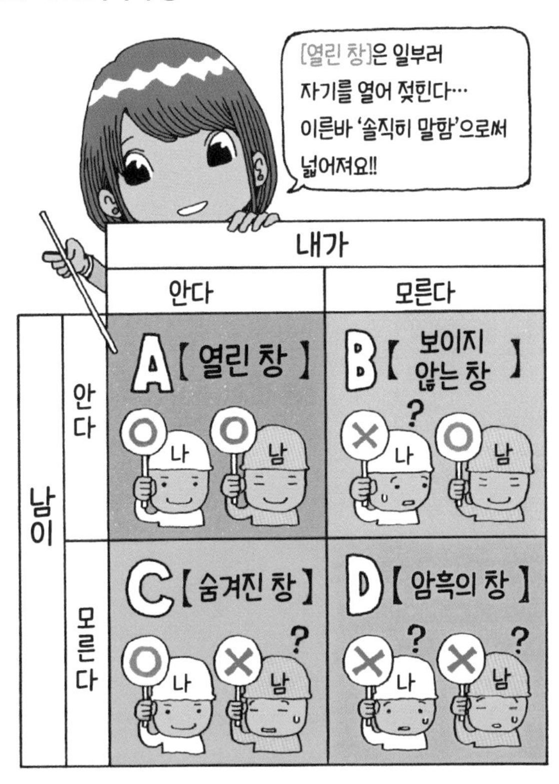

적당히 '열린 창'을 넓히면 있는 그대로의 자신으로 있을 수 있고 역경 내성이 강해진다. 반면, '숨겨진 창', '암흑의 창'은 작게 만들수록 좋다.

비관은 기분, 낙관은 의지임을 이해하라

같은 상황에 처해도 싱글벙글 웃는 사람과 짜증 내는 사람이 있다. 받아들이는 방식에 따라 감정은 전혀 달라진다. 옛날에 이런 이야기가 있다.

어느 맑은 날, 나그네가 마을에 들어가자 어느 집 처마 밑에서 노파가 울고 있었다. "할머니, 왜 울고 계세요?"라고 나그네가 물으니 이렇게 답했다. "큰아들이 우산 장수요. 그런데 맑은 날에는 우산이 안 팔리니 큰아들이 너무 가여워서 울고 있다오."

다음 날은 비가 왔다. 아마 그 할머니는 웃고 있겠지 싶어서 나그네가 그 집 앞을 지나가는데 노파는 이번에도 울고 있었다. 나그네는 "할머니, 비 오는 날은 우산이 잘 팔릴 테니 아드님은 아마 기뻐하고 있을 거예요. 왜 울고 계세요?"라고 물었다. 그러자 노파가 이렇게 답했다. "둘째 아들이 짚신 장수라오. 비 오는 날에는 짚신이 잘 안 팔릴 테니 그 애가 너무 가엽다오."

그래서 나그네는 노파에게 말했다. "할머니, 그러면 이렇게 생각해 보면 어떻겠습니까? 비 오는 날에는 큰아들이 만든 우산이 잘 팔리겠네. 맑은 날에는 작은아들이 만든 짚신이 잘 팔리겠네"라고요. 그걸 들은 노파는 매일 싱글벙글 웃으며 지낼 수 있었다고 한다.

이 이야기는 상황을 받아들이는 방식만 바꾸면 의외로 쉽게 비관주의자에서 낙관주의자로 바뀔 수 있다는 것을 알려 준다.

● 비관주의

맑은 날

우산이 안 팔려…

비 오는 날

짚신이 안 팔려…

● 낙관주의

언뜻 보기에 비관적인 사건이라도 우리가 받아들이는 방식에 따라 긍정적인 사건이 될 수 있다.

● 모두가 싫어하는 '비 오는 날'의 편에 서자

비 오는 날의 토너먼트를 대부분 프로 선수가 싫어한다. 이것에 관해 프로 골퍼 아오키 이사오(青木功)는 이렇게 말했다.

"젊을 때는 '점수가 잘 안 나오니까 비 오는 날은 싫다'는 마음으로 플레이했다. 하지만 이 마음가짐으로 임했더니 플레이에 지장이 생겼다. 그래서 어느 날 '비를 내 편으로 만들어 이용하겠다'고 생각하며 플레이했더니 잘 되었다. 그 후로 꽤 기분 좋게 플레이할 수 있게 되었다."

가령 보통의 골퍼는 '비 오는 날은 그린에서 공이 잘 안 나가니까 어렵다'고 생각한다. 그러나 아오키 프로는 '물은 잔디의 방향보다 강하다. 그러니 복잡한 라인을 신경 쓰지 않고 칠 수 있어'라고 생각한다. 비 오는 날에는 유리한 조건보다 불리한 조건이 압도적으로 많은데도 불구하고 유리한 조건을 찾아 그것에 집중한다. 이 마음가짐이야말로 아오키 프로 같은 골퍼가 일류일 수 있는 이유다.

비즈니스나 교육 현장에서도 비슷한 경우가 많다. 부정적인 상황에 숨어 있는 유리한 조건을 찾아 활용하는 것이야말로 최고가 될 수 있는 자질이다.

누구나 싫어하는 최악의 상황에서도 그런 악조건을 '내 편'으로 만들면 단숨에 유리해진다.

스트레스를 제어할 수 있다고 생각하라

예일 대학의 N. 밀러 박사가 흥미로운 실험을 했다. 유전 형질과 성장 환경이 완전히 같은 두 마리의 생쥐를 각각 실험용 우리에 넣는다. 그 두 우리 모두 버튼이 있고 전류가 흐른다. 하지만 생쥐 I 의 우리에는 버튼이 달려 있다. 그 버튼을 누르면 양쪽 모두 전류가 멈춘다. 단, 생쥐 II 우리의 버튼은 눌러도 전류가 멈추지 않는다. 두 생쥐 모두가 완벽하게 같은 크기의 스트레스를 동일한 시간 동안 받는다. 생쥐 I 과 생쥐 II 의 결정적인 차이는 생쥐 I 이 자신의 의사로 전류를 멈출 수 있으나 생쥐 II 는 그럴 수 없다는 점이다.

실험 초기 두 생쥐는 모두 강한 스트레스 반응을 보였다. 하지만 어느 날 생쥐 I 이 버튼에 올라가 전류를 멈췄다. 생쥐 I 은 전류가 흐르면 버튼에 올라타는 행동을 학습했다. 실험 후 두 마리의 생쥐는 다양한 면에 차이를 보였다. 스스로 전류를 멈출 수 있었던 생쥐 I 은 생식 능력이나 면역력 저하를 보이지 않았다. 한편 생쥐 II 의 생식 능력과 면역력은 현저히 낮아졌고 수명도 생쥐 I 보다 짧았다.

생쥐 II 의 수명이 짧아진 이유는 무엇일까? 두 생쥐에서 가해진 전류는 범인이 아니다. 밀러 박사는 생쥐 II 의 수명을 단축시킨 것은 전류를 제어하는 능력이 없다는 스트레스라고 결론 지었다. 생쥐 I 은 전류가 흐른 직후 스트레스 수준이 일시적으로 상승했지만 전류가 멈추면 평상시로 돌아왔다. 하지만 생쥐 II 는 전류가 끊긴 후에도 스트레스 수준이 내려가지 않았다.

인간도 마찬가지다. 비슷한 스트레스를 받는 작업을 해도 '이 스트레스를 제어할 수 있다'고 느끼는 사람에 비해 '제어할 수 없다'고 느끼는 사람에게 명백히 더 큰 영향을 미친다. 역경에 내성을 기르고 싶다면 '스트레스는 통제 가능하다'는 확신을 가지고 살아가는 것이 중요하다.

역경 속에서도 스스로 스트레스를 제어할 수 있는 범위가 넓어지면 견딜 수 있다.

어떤 상황에서도 돌파구를 찾으라

앞서 소개한 심리학자 마틴 셀리그먼 박사는 '무력감이야말로 인간을 바람직하지 않은 상황으로 내모는 원흉'이라고 주장했다. 늘 스트레스를 받는 작업을 해야하는 현장에서도 동기 부여를 하며 성과를 올리는 사람이 있다. 한편 같은 스트레스를 받아도 무력감에 사로잡혀 성과를 올리지 못하는 사람도 있다. 이 차이는 상황을 어떻게 받아들이느냐에 달려 있다.

스포츠심리학자 짐 레이어 박사는 역경에 처한 사람들이 취해야 할 태도로써 다음 네 가지를 제시했다.

① 기분에 따라 일을 내팽개치거나 포기하지 않는다.

② 궤도를 수정하는 능력을 익힌다.

③ 문제의 원인을 제어할 수 없는 타인이 아닌 제어할 수 있는 자신에게서 찾는다.

④ 위기 상황과 그곳에서 빠져나오는 노력에서 의미를 찾는다.

같은 스트레스에 사로잡혀도 그것을 어떻게 받아들이느냐에 따라 달라진다. 철은 가열과 냉각을 반복함에 따라 강인해진다. 인간도 마찬가지다. 우리도 스트레스와 스트레스의 해소를 반복함으로써 꾸준히 강인해지는 것이다. 짐 레이어 박사는 또한 이렇게 말했다.

"감정이 모든 것의 근본이다. '감정'이야말로 내가 클라이언트와 함께 배우는 대상이고 목표의 핵심이다. 훈련 대상이 육체든 정신이든 목

역경이 찾아왔을 때 타인이 아닌 자신을 바꾸는 것이 건설적이다. 자신을 바꾸는 편이 훨씬 간단하기 때문이다.

표는 항상 '클라이언트의 감정을 바꾼다'는 것이었다. 오랜 연구에서 성과를 가장 크게 좌우하는 것은 감정이라는 사실을 알았다."

세상은 접전의 연속이다. 감정을 조절할 수 없는 사람은 중요한 순간에 흔들려서 성과를 떨어뜨린다. 그것으로 승자와 패자가 나뉘어 진다. 일류 프로 골퍼인 마쓰야마 히데키 선수도 이전 홀에서 더블 보기를 친 후에 감정 조절을 못하면 다음 티 쇼트에서 친 공이 숲 속으로 사라질 운명에 처해 있는 것이다.

비즈니스의 현장에서도 감정 조절을 할 수 없는 사람은 당연히 성과를 올리기 어렵다. 그가 리더일 경우 상황은 더욱 어려워질 것이다. 감정을 어떻게 조절하느냐도 역경을 극복하는 중요한 요소다.

감정을 조절할 수 없는 리더는 주변 사람에게 인정을 받거나 존경받을 수 없다.

COLUMN 6

용기를 내어 '공포의 이미지'를 그리자

역경을 극복할 때 이미지 트레이닝은 무척 도움이 된다. 스포츠심리학에서도 이미지 트레이닝은 압박감을 극복하거나 위기를 뛰어넘을 때 중요한 스킬이다. 심리학 교과서에는 '항상 최고의 이미지를 그려라'라고 쓰여 있다.

인류가 외부의 적으로부터 살아남을 수 있었던 것도 공포의 이미지를 그릴 수 있었기 때문이다. 그 이미지를 떠올릴 수 없었다면 인간은 천적의 먹이가 되어 자연스럽게 도태되었을 것이다. 인류가 살아남을 수 있었던 것은 위기에 빠진 상황을 있는 그대로 받아들여서 그 위기를 극복하는 구체적인 방안을 진지하게 생각할 수 있었기 때문이다.

'최악의 이미지를 그려서 그것을 극복한다. 그리고 그것을 보람으로 삼는다.'

역경이 덮쳐 왔다고 해도 도망치는 것이 아니라 위기의 이미지, '공포의 이미지'를 용기를 내어 생생하게 뇌리에 그려 보자. 그리고 그것을 극복할 구체적인 방안을 짜보는 것이다. 그렇게 하면 실패하더라도 미리 받아들였기 때문에 낙담을 최소한으로 줄일 수 있다.

지금 당장 할 수 있는 회복의 기술

하루 단위의 회복을 철저히 하라

경제협력개발기구(OECD)의 조사(2015년)에서는 선진국(G7)의 일본 연간 평균 노동 시간은 상위권에 속한다. 많은 순서로 1,790시간(미국), 1,725시간(이탈리아), 1,719시간(일본), 1,706시간(캐나다), 1,674시간(영국), 1,482시간(프랑스), 1,371시간(독일)이다(도표 8-1).

다만 이것은 어디까지나 기본적인 노동 시간이며 잔업을 포함하면 일본은 미국을 뛰어넘는 수준이 될 것이다. 'Karoshi(과로사)'는 일본의 대형 광고회사나 전력회사, 시청 등에서 발생한다. 프로 운동선수의 하루 연습 시간은 고작 4~6시간인데 비해 일본 직장인들의 노동 시간은 10~12시간이니 당연하다면 당연하다.

사람들은 에너지를 많이 소모하지만 정작 에너지를 채우는 것에는 무심하다. 양질의 일을 하고 싶다면 에너지를 채우려고 노력해 보자. 일하는 사람들을 자동차에 비유하자면, 일하는 사람들은 매일 아침 연료 탱크를 가득 채우고 출근하는 자동차인 셈이다. 낮 동안 연료를 완전히 소비하고 연료 부족 상태로 겨우 침대에 도달하여 몇 분 이내에 잠든다. 인생은 그런 루틴의 연속이다. 대부분의 사람은 '인생을 마라톤 같은 것'이라고 생각하지만, 인생은 100미터 달리기 같기도 하다.

자동차는 연료 탱크에 비축된 연료만큼만 달릴 수 있다. 자동차의 연료가 부족하면 서둘러 주유소에 가는 수밖에 없다. 그러나 당신이라는 자동차는 안타깝게도 연료 표시선이 달려 있지 않다.

도표 8-1 선진국(G7)의 연평균 노동 시간 차이

출처: 경제협력개발기구(OECD)

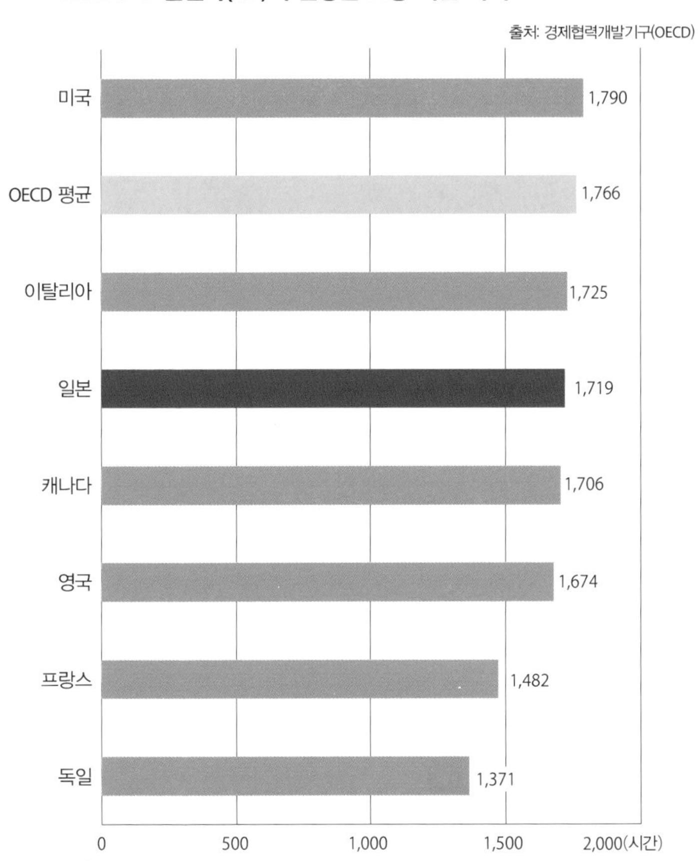

Karoshi(과로사) 아직도 발생하고 있다. 일본 노동자의 평균 노동 시간은 선진국 중에서도 긴 편에 속한다.

● 회복하지 않으면 절대 소비할 수 없다

중요한 것은 회복이다. 온타임이 에너지를 소비하는 시간이라면 에너지를 보급하는 시간이 오프타임이다. 당신이라는 자동차의 연료 탱크를 더욱 큰 것으로 바꾸고 지금보다 더 에너지를 보급하도록 애쓰자. 아무리 바빠도 최소 두 시간은 일을 잊고 오프타임 이벤트를 실행하자. 일로 에너지를 완전 연소했다면 취미 활동으로 에너지를 확실히 회복하자.

'당신'이라는 자동차의 왼쪽 타이어가 온타임, 오른쪽 타이어가 오프타임이다. '좌우 중 어느 쪽 타이어가 더 중요한가?' 좌우 타이어 모두 중요하다. 자주 타이어 상태를 점검하고 공기압을 최적으로 유지할 수 있다면 '당신'이라는 자동차는 인생이라는 고속도로를 힘차게 달릴 수 있을 것이다.

인생은 마라톤보다 힘든 100미터 달리기의 연속, 그러므로 회복 시간이 반드시 필요하다.

운동을 게을리하지 마라

역경을 뛰어넘지 못하는 사람의 공통점은 기분 전환을 못한다는 것이다. 실망한 상황을 심각하게 받아들이기만 하면 상황은 점점 더 좋지 않은 방향으로 움직인다. 미국의 심리학자인 윌리엄 글래서 박사는 다양한 난관을 극복한 사람들을 조사했다. 그 결과, 그들은 무엇에든 열중할 수 있다는 공통점을 도출해 냈다.

일상적으로 즐겁게 가슴이 뛰는 행동을 하고 습관이 있는 사람은 기분을 전환할 수 있다. 역경 속에서도 이러한 즐거움이 있기에 녹초가 되지 않을 수 있다. 도표 8-2에 동적인 행동과 정적인 행동의 예를 목록으로 제시했다. 마음에 드는 것을 일상생활에 적용해 보자.

미국의 스포츠 심리학자인 제임스 아네시 박사는 비만으로 판정된 사람들(평균 45세)에게 워킹, 러닝, 에어로바이크 등을 지도하는 실험을 20주간에 걸쳐 실시했다. 트레이닝 전에는 '쉽게 피로를 느낀다', '기분이 쉽게 가라앉는다', '감정적으로 쉽게 동요한다' 등의 부정적인 감정을 호소했지만, 트레이닝 후에는 이런 감정들이 날아갔다.

운동에는 부정적인 감정을 해소하는 효과가 있다. 몸을 움직이지 않다 보면 상황은 점점 나빠질 뿐 아니라 스트레스를 끌어안게 된다. 그럴 때 하는 운동은 심리 상태를 확실히 개선한다.

도표 8-2 기분을 회복하기 위한 20가지 제안

출처: Ann McGee-Cooper, *You Don't Have to Go Home from Work Exhausted !*, Bantam, 2011

1. 만화를 읽는다.
2. 시를 쓰거나 읽는다.
3. 기도를 한다.
4. 좋아하는 책방에 간다.
5. 저녁 산책을 한다.
6. 누군가를 위해 깜짝 파티를 계획한다.
7. 퇴근길에 멀리 돌아 조용한 길로 걷는다.
8. 가까운 공원에서 점심을 먹는다.
9. 친한 동료에게 칠 장난을 생각한다.
10. 가이드북과 지도를 펼치고 다음 휴가 계획을 짠다.
11. 작년 휴가 때 찍은 사진을 본다.
12. 동물원에 간다.
13. 어릴 때 이후로 하지 않았던 게임을 한다.
14. 역사적 건축물 보러 가거나 미술관에 간다.
15. 자전거 여행 계획을 짠다.
16. 암벽타기를 한다.
17. 천문학 강좌를 듣는다.
18. 콘서트에 간다.
19. 미술을 배운다.
20. 세차를 하고 차를 손본다.

녹초가 된 마음을 회복시키는 방법은 많지만 몸을 움직이는 것은 특히 효과적이다.

바람직한 운동의 4가지 방법

미국 터프츠 대학의 노화연구소에서 적절한 운동은 노화를 늦춘다는 결과를 발표했다. 이 연구에서는 60~72세의 남성 12명에게 최대 중량의 80%로 웨이트 트레이닝을 주 3회, 3개월간 시행했다. 그 결과, 피험자의 대퇴 사두근은 2배 이상, 무릎 힘줄은 3배가 되어 25세 젊은이보다 무거운 것을 들 수 있게 되었다. 그 외에도 적절한 운동은 제지방 체중, 체력, 기초대사율, 체지방률, 산소섭취능력, 골밀도 등에서 현저한 영향을 미쳤다.

다른 연구에서 증명된 운동 부족과 연관성이 있는 증상은 우울감, 불쾌, 불안, 피로, 불면, 근력 저하, 면역력 저하, 자신감 결여, 정서 불안 등이다. 그 외 노화에 동반하는 변화는 다음과 같다.

- **근육량이 떨어진다. 운동을 안 하면 10년에 근력이 10% 저하된다.**
- **35세를 넘으면 골량이 1~3% 준다.**
- **관절이 퇴화한다.**
- **혈압이 올라간다.**
- **최대심박수가 떨어진다.**
- **폐활량이 떨어진다.**

그렇다면 바람직한 운동이란 구체적으로 어떠한 것일까? 짐 레이어 박사는 바람직한 운동의 4가지 방법을 제시했다.

① 복근을 강화한다.

복직근과 외복사근, 내복사근은 힘의 원천이 되기에 복근을 중점적으로 강화할 필요가 있다. 특히 요통, 나쁜 자세, 얕은 호흡은 복근과 관련이 있다.

② 인터벌 유산소 운동을 적극적으로 한다.

일정 속도의 유산소 운동보다는 속도에 변화를 주는 조깅이나 유산소 운동이 더욱 효과적이다.

③ 휴일을 정한다.

근력 운동은 하루 건너 뛰고 한다. 근육에게 회복 시간이 필요하기 때문이다. 매일 하고 싶으면 월수금은 상반신 근력 운동, 화목토는 하반신 근력 운동을 실행하자.

④ 적극적으로 유연성을 기르는 운동을 한다.

나이가 들수록 우리의 정신, 육체, 감정 모두는 유연성을 잃는다. 반드시 5~7분 동안의 준비 운동 후에 10~15분의 유연성 운동을 매일 하자.

30대 후반 이상이라면 운동 습관을 적극적으로 들이자.

② 인터벌 유산소 운동을 적극적으로 한다

다이어트 목적으로 운동하는 사람은 많지만, 운동은 육체적, 정신적으로 효과적이다. '병은 마음에서 온다'는 말이 있지만, 강인한 체력을 갖춘 사람은 정신적으로도 강한 경우가 많다.

③ 휴일을 정한다

④ 적극적으로 유연성을 기르는 운동을 한다

수면의 질을 높이는 6가지 원칙

하버드 대학 또는 캘리포니아 대학 버클리 캠퍼스 의학부의 연구에서는 수면 부족이 부정적인 감정을 일으키는 편도체를 활성화한다는 사실을 밝혀냈다. 편도체는 뇌에 있는 아몬드 모양의 일부분으로 생명 유지에 필수적이다. 잠을 제대로 이루지 못하면 신경질적이 되거나 아무것도 아닌 일도 위기로 받아들여 공포심을 느끼게 된다.

수면 부족은 판단력도 저하시킨다. 교통사고나 산재사고의 원인이 되기도 한다. 스탠퍼드 대학 의학부에서 수면시 무호흡 증후군(SAS : Sleep apnea syndrome)에 걸리면 우울증에 노출되기 쉽다는 사실을 밝혔다. 수면시 무호흡 증후군 환자의 17.6%가 우울증을 동시에 앓고 있었다. 당신이 '낮에도 졸음이 밀려온다', '코골이가 심하다는 말을 들은 적이 있다', '최근 사고력이나 판단력이 둔해진 것 같다' 등의 증상이 있다면 수면장애 전문의를 찾아가 상담을 받아보기 바란다.

수면은 수명에도 큰 영향을 미친다. 문부과학성 코호트※ 연구(JACC Study)에 의한 '수면 시간과 사망과의 관계'에서는 수면 시간이 6.4~7.4시간인 사람이 가장 장수한다는 사실을 밝혀냈다. 6.5시간 미만이어도 7.4시간 이상이어도 수명이 단축되는 것이다.

수면에 대한 몇 가지 원칙을 나열해 보았다.

※연령이나 주거지 등 일정 조건을 충족하는 특정한 집단을 가리킨다.

① 취침 시간에 집착하지 않는다. 졸리면 잠자리에 든다.

자연스러운 졸음을 최우선으로 하자. 자신이 쾌적하게 지낼 수 있는 수면 시간을 알아보고 실행하자.

② 기상 시간을 일정하게 한다.

기상 시간은 일정하게 하는 것이 중요하다. 생체 시계를 흩트리기 때문이다.

③ 밤의 조명은 어둡게, 잠에서 깨면 햇볕을 쬔다.

체내 시계에 가장 영향을 미치는 것이 빛이다. 자기 전에 강한 빛을 쬐면 자연스러운 졸음을 유도하는 멜라토닌 분비가 저하되어 잠들기 어려워진다. 반대로 아침 햇볕을 쬐면 활동 상태에 들어가기 쉽다.

④ 낮잠은 오후 세시까지 20분 정도

20분 정도의 낮잠은 몇 시간의 수면과 같은 효과가 있다.

⑤ 규칙적인 세 번의 식사와 규칙적인 운동 습관

식사와 운동은 체내 시계에 큰 영향을 끼친다.

⑥ 졸음이 얕을 때는 수면시간을 줄이고 늦게 자고 일찍 일어난다.

늦게 자면 수면 부족을 활용하여 깊은 잠을 잘 수 있다. 동시에 일찍 일어나게 되면 일찍 잠자리에 들 수 있게 된다.

과학적으로 증명된 웃음의 효과

몸과 마음은 자율신경으로 연결돼 있다. 자율신경은 교감신경과 부교감신경으로 나뉜다. 교감신경은 '활동하는 신경'으로 낮에 활동할 때 우세해진다. 심장 박동을 높이거나 혈압을 올려 신체를 긴장 상태로 만들고 활발히 활동하게 한다. 한편 부교감신경은 '쉬는 신경'이라고 불리며 몸을 이완시키거나 수면을 취할 때 작용한다.

신경질적인 사람은 교감신경이 과하게 활성화되기 때문에 교감신경과 부교감신경의 균형이 무너져서 건강이 상할 수 있다. 그런 경우에는 역경에서 빠져나오기도 힘들다. 특히 신체적인 측면에서 신경질적인 사람은 불면증을 앓는 경우가 많고 장기적으로는 위궤양, 고혈압, 당뇨병, 암에 걸릴 위험이 높다.

미국 텍사스 A&M 대학의 루스 퍼슨즈 박사는 대학생을 대상으로 한 실험을 했다. 스트레스를 느끼는 비디오를 감상하게 한 후 그룹 A에는 도시 풍경이 담긴 비디오를, 그룹 B에는 시골 풍경이 담긴 비디오를 보여 주었다. 시골 풍경을 감상한 그룹 B가 맥박이나 혈압 회복이 빨랐다. 자연 풍경을 감상하는 것에 이완 효과가 있다는 사실이 밝혀진 것이다. 신경질적인 성향이 있는 사람은 자연 풍경을 바라보는 습관을 들이자.

불안이나 공포심을 쫓아내고 긴장감을 완화하려면 음악 요법도 효과적이다. 이때는 자신이 좋아하는 음악이 아니라 몸이 이완될 수 있는 음악을 골라야 한다. 중요한 것은 템포다. 안정기 상태의 심박수와 비슷한 음악을 선택하는 것이 중요하다. 템포 60 정도의 음악을 추천한다.

클래식이 대부분 이 템포에 가깝다. 몇 년 전, 영국의 과학자가 '세상에서 가장 이완되는 곡'으로 'Weightless(무중력)'을 발표했다. 깊이 이완된 상태를 실험하여 만들어 낸 것이다. 한번 들어보길 추천한다.

웃는 것도 효과적인 방법이다. 웃으면 교감신경에서 부교감신경으로 전환되어 심신을 편안한 상태에 이르게 해 준다. '스바루 클리닉'(오카야마현 구라사키시)의 의사인 이타미 진로(伊丹仁朗)는 『笑いの健康学웃음의 건강학』, 〈三省堂〉에서 흥미로운 실험을 소개했다. 이 실험은 웃음 전후에 혈액 속 내추럴 킬러(NK) 세포의 활성(NK 활성)이나 CD4(면역력의 액셀 역할), CD8(면역력의 브레이크 역할)의 비율 등 면역력에 관계된 지표를 조사했다. 실험에서는 20~62세의 자원봉사자 19명이 오사카 남쪽의 난바그랜드카게쓰(なんばグランド花月)에서 만자이(일본의 전통 희극-옮긴이), 만담, 희극을 세 시간 관람했다.

결과는 도표 8-3, 도표 8-4이며 통계학적으로 검토한 결과 NK활성 수치가 평균 수준 이하였던 사람은 웃은 후에 상승했다. CD4와 CD8 비율도 웃은 후, 너무 높은 사람도, 너무 낮은 사람도 정상치에 가까워졌다. 자신이 신경질적이라면 웃을 기회를 적극적으로 늘리자. 그것이 즉시 효과를 발휘하는 '특효약'이 될 수 있다.

도표 8-3 NK활성

출처: 『笑いの健康学웃음의 건강학』, 〈三省堂〉

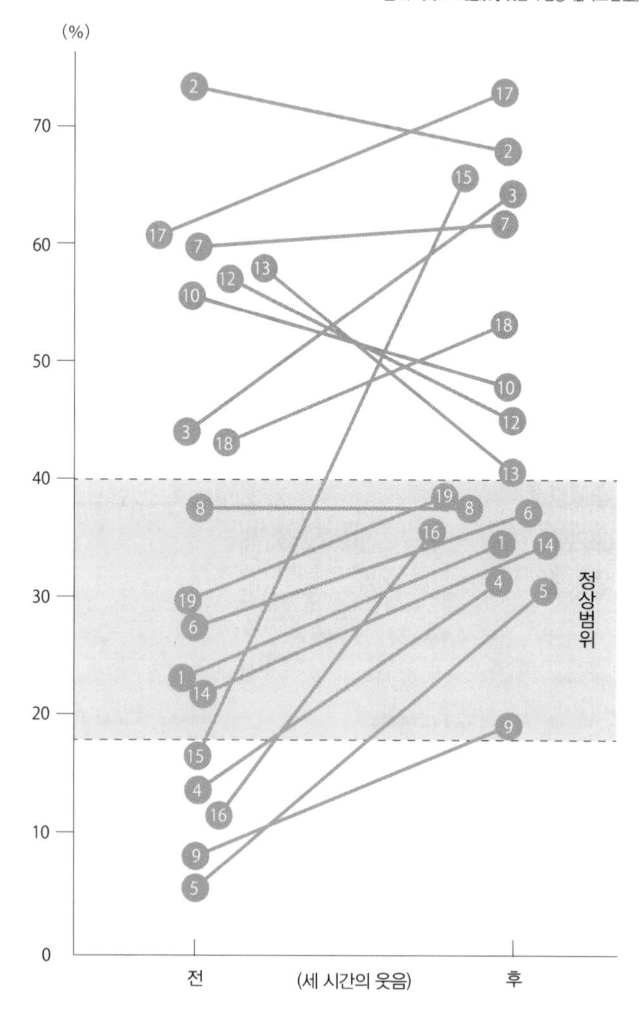

정상 범위를 밑돌았던 다섯 명 전원이 상승했다. 웃돌았던 8명 중 4명은 더욱 상승했고 정상 범위보다 높았던 4명이 하강했다.

도표 8-4 CD4와 CD8의 비율

출처: 「笑いの健康学웃음의 건강학」, 〈三省堂〉

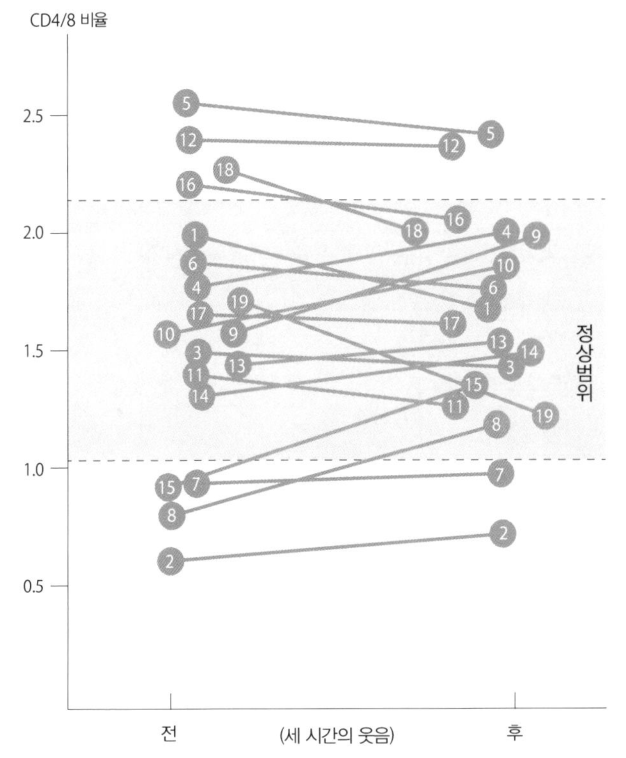

정상 범위를 밑돌았던 4명은 전원 정상 범위에 가까워졌고, 2명은 정상 범위 안으로 들어왔다. 웃돌았던 4명도 전원 정상 범위에 가까워졌으며 2명은 정상 범위 안으로 들어왔다.

명상호흡을 숙지하라

역경에 처했을 때 스트레스를 해소하려면 올바른 심호흡 방법을 익히는 것도 효과적인 방법 중 하나다. 역경 내성이 낮은 사람은 무의식적으로 불안 호흡을 한다. 아래에 불안 호흡의 특징을 제시했다.

① 1분에 24회 이상 호흡한다.

② 입으로 호흡한다.

③ 가슴도 배도 그다지 움직이지 않는다.

④ 호흡이 얕다.

이러한 호흡이 흉식호흡의 특징이다. 특별히 의식하지 않으면 흉식호흡을 하게 된다. 여기서 명상호흡을 소개하려고 한다. 명상호흡을 하게 되면 몸이 이완되어 부교감신경이 활성화될 뿐 아니라 창의력이 발휘되는 뇌파인 알파파도 우세해진다.

나는 코로 숨을 뱉고 코로 숨을 들이쉬는 호흡법을 제창한다. 본래 입은 음식을 먹기 위한 기관이고 코는 호흡하기 위한 기관이다. 입이 아니라 코로 호흡하는 것을 자연스러운 호흡법으로 본다. 호흡의 '주역'은 내뱉는 작업이고 들이마시는 작업은 '조역'이다. 숨을 다 내쉬면 코에서 자연스레 공기를 들이마신다는 것을 당신은 깨달을 것이다. 처음에는 의식하면서 숨을 내뱉고, 편안하게 숨을 들이마시는 감각으로 호흡하자. 잠시 시간이 흐르면 자연스럽게 코로 호흡할 수 있게 될 것이다.

명상호흡의 포인트는 '들이마시고 내쉬는' 것이 아니라 '내쉬고 들이마시는' 것. 숨을 내뱉는 시간이 들이마시는 시간의 두 배 정도 되도록 호흡하는 것이 중요하다.

명상호흡은 8초에 걸쳐 숨을 뱉고 4초 동안 들이마시는 리듬이 기본 패턴이다. 1분에 약 5회의 명상호흡을 실시한다면 자연스럽게 뇌를 명상 상태로 이끌 수 있다. 이 호흡의 리듬이 너무 길다면 처음에는 6초에 걸쳐 숨을 내쉬고 3초간 들이마시는 리듬부터 시작해도 좋다. 자세도 중요하다. 우선 의자에 앉아 척추가 지면에 수직이 되도록 등을 펴고 앉는다. 압박감이 느껴지는 다음과 같은 순간에 의식적으로 명상호흡을 하면 불안과 공포심이 줄어들 것이다.

- **큰 계약 전**
- **중요한 프레젠테이션 전**
- **중요한 시험이나 자격증 시험 전**
- **스포츠 시합 전**
- **첫 데이트 전**
- **위험한 작업을 하기 전**

명상호흡을 하면 당신이 안고 있는 불안이나 공포심은 해소되고 역경 내성도 높아진다. 물론 스트레스를 받을 때만 명상호흡을 하는 것이 아니라 평소에 이 작업을 루틴화하여 실행하면 몸 상태도 개선될 수 있다.

승부수를 던질 때 적절한 긴장은 필수적이지만 명상호흡을 하면 불필요한 긴장을 하지 않게 된다. 아이디어가 떠오르지 않을 때도 효과적이다.

COLUMN 7

'좋다 나쁘다'가 아니라 '했다 못했다'로 판단하자

이치로 선수의 차별화 된 지점은 역경을 환영하는 자세라고 생각한다. 그는 '슬럼프야말로 절호의 기회!'라고 말했다. 슬럼프가 왔을 때 이치로 선수는 깊이 그 이유를 생각하고 다음 단계로 도약할 단서를 찾았다. 그는 이렇게도 말했다.

"제가 생각하는 슬럼프의 정의는 감을 잡지 못하는 것입니다. 결과가 나오지 않는 것을 슬럼프라고 생각하지 않습니다."

결과가 아닌 과정을 지향하는 이치로 선수의 사고방식을 이 말에서 읽을 수 있다. 우리는 '좋다, 나쁘다'는 평가에 일희일비한다. 하지만 이런 사고방식은 역경 내성을 떨어뜨린다. 한편 '했다, 못했다'를 가치관으로 삼으면 어떤 상황이 되어도 낙담하는 일은 없다. 그러기는커녕 일이 잘 풀리지 않아도 잘 못했던 이유를 있는 그대로 받아들이고 재도전할 수 있다.

심리학에서 말하는 유능감은 역경을 극복할 때 얻을 수 있다. '못했던 일을 할 수 있게 되었다!'는 유능감은, 우리에게 자신감을 불러일으켜 줄 뿐 아니라 꾸준히 역경 내성을 키워준다.

주요 참고 도서

マーティン・セリグマン 著,『オプティミストはなぜ成功するか』, 講談社, 1991.

ジム・レーヤー 著,『メンタル・タフネス』, CCCメディアハウ, 1998.

伊丹仁朗 著,『笑いの健康学』, 三省堂, 1999.

NHK「21世紀・日本の課題」プロジェクト 編,『奥田碩・安藤忠雄 日本再生への道』, 日本放送出版協会, 2003.

金井壽宏 著,『働くみんなのモティベーション論』, NTT出版, 2006.

渋谷昌三 著,『イラッとくる人』, PHP研究所, 2008.

金井壽宏 著,『危機の時代の「やる気」学』, SBクリエイティブ, 2009.

タル・ベン・シャハー 著,『最善主義が道を拓く』, 幸福の科学出版, 2009.

内藤誼人 著,『「気持ちの整理」が一瞬でできる法』, イースト・プレス, 2010.

加藤諦三 著,『逆境をはね返す心理学』, PHP研究所, 2010.

ジョフ・コルヴァァン 著,『究極の鍛練』, サンマーク出版, 2010.

バーバラ・フレドリクソン 著,『ポジティブな人だけがうまくいく3:1の法則』, 日本実業出版社, 2010.

Ann McGee-Cooper, You Don't Have to Go Home from Work Exhausted!, Bantam, 2011.

内藤誼人 著,『プラスの「自己暗示」で不思議なくらい人生がうまくいく!』, 三笠書房、2012.

内藤誼人 著,『怒られない技術』, イースト・プレス, 2013.

内藤誼人 著,『「図太い神経」をつくる本』, イースト・プレス, 2013.

内藤誼人 著,『どんな逆境にもクヨクヨしない心理術』, PHP研究所, 2013

植西 聰 著,『平常心のコツ』, 自由国民社, 2013.

嶋津良智 著,『目標を「達成する人」と「達成しない人」の習慣』, 明日香出版, 2014.

アル・シーバート 著,『逆境を生かす人 逆境に負ける人』, ディスカバー・トゥエンティワン, 2016.

堀田秀吾 著,『科学的に元気になる方法集めました』, 文響社, 2017.

児玉光雄 著,『いまの仕事でいいの? と思ったら読む本』, 東邦出版, 2016.

児玉光雄 著,『やる気はあるのに動けないそんな自分を操るコツ』, SBクリエイティブ, 2016.

하루 한 권, 이겨내는 기술

초판 인쇄 2023년 08월 31일
초판 발행 2023년 08월 31일

지은이 고다마 미쓰오
옮긴이 박제이
발행인 채종준

출판총괄 박능원
국제업무 채보라
책임편집 구현희 · 양지원
마케팅 문선영 · 전예리
전자책 정담자리

브랜드 드루
주소 경기도 파주시 회동길 230 (문발동)
투고문의 ksibook13@kstudy.com

발행처 한국학술정보(주)
출판신고 2003 년 9 월 25 일 제 406-2003-000012 호
인쇄 북토리

ISBN 979-11-6983-580-0 04400
979-11-6983-178-9 (세트)

드루는 한국학술정보(주)의 지식 · 교양도서 출판 브랜드입니다.
세상의 모든 지식을 두루두루 모아 독자에게 내보인다는 뜻을 담았습니다.
지적인 호기심을 해결하고 생각에 깊이를 더할 수 있도록, 보다 가치 있는 책을 만들고자 합니다.